U0336880

总主编 伍 江 副总主编 雷星晖

曾 超 任 杰 著

聚乳酸基生物质热塑性弹性体的
合成与结构性能研究

Synthesis and Properties of Poly(lactic acid)
Bio-based Thermoplastic Elastomer

同济大学 出版社
TONGJI UNIVERSITY PRESS

内 容 提 要

本书围绕聚乳酸(PLA)的增韧改性,从直接缩聚、熔融扩链、热稳定性和共混增韧等方面进行了详细的探讨,对呋喃聚合物的力学可控性、自修复性能、形状记忆功能等多方面进行了研究,并探索了将呋喃聚合物的高功能性引入 PLA 聚合物中的可能性。这些都有助于拓宽 PLA 和呋喃生物质材料的应用领域,同时将高功能材料与生物质材料结合在一起,为生物质材料的推广也有着重要的积极意义。

本书可作为从事生物质材料研究与应用的研发及工程技术人员参考用书。

图书在版编目(CIP)数据

聚乳酸基生物质热塑性弹性体的合成与结构性能研究 / 曾超,任杰著. —上海:同济大学出版社,2019.5
(同济博士论丛 / 伍江总主编)
ISBN 978 - 7 - 5608 - 6985 - 8

Ⅰ.①聚… Ⅱ.①曾… ②任… Ⅲ.①高聚物-乳酸 -聚酯弹性体-研究②高聚物-乳酸-结构性能-研究
Ⅳ.①TQ316

中国版本图书馆 CIP 数据核字(2017)第 093532 号

聚乳酸基生物质热塑性弹性体的合成与结构性能研究

曾 超 任 杰 著
出 品 人 华春荣　　　责任编辑 蔡梦茜 卢元姗
责任校对 徐春莲　　　封面设计 陈益平

出版发行　同济大学出版社　www. tongjipress. com. cn
　　　　　(地址:上海市四平路 1239 号　邮编:200092　电话:021 - 65985622)
经　　销　全国各地新华书店
排版制作　南京展望文化发展有限公司
印　　刷　浙江广育爱多印务有限公司
开　　本　787 mm×1092 mm　1/16
印　　张　11
字　　数　220 000
版　　次　2019 年 5 月第 1 版　　2019 年 5 月第 1 次印刷
书　　号　ISBN 978 - 7 - 5608 - 6985 - 8

定　　价　60.00 元

"同济博士论丛"编写领导小组

"同济博士论丛"编辑委员会

总 主 编： 伍 江

副 总 主 编： 雷星晖

编委会委员：（按姓氏笔画顺序排列）

袁万城　莫天伟　夏四清　顾　明　顾祥林　钱梦骙

徐　政　徐　鉴　徐立鸿　徐亚伟　凌建明　高乃云

郭忠印　唐子来　阎耀保　黄一如　黄宏伟　黄茂松

戚正武　彭正龙　葛耀君　董德存　蒋昌俊　韩传峰

童小华　曾国苏　楼梦麟　路秉杰　蔡永洁　蔡克峰

薛　雷　霍佳震

秘书组成员：谢永生　赵泽毓　熊磊丽　胡晗欣　卢元姗　蒋卓文

总　序

在同济大学110周年华诞之际，喜闻"同济博士论丛"将正式出版发行，倍感欣慰。记得在100周年校庆时，我曾以《百年同济，大学对社会的承诺》为题作了演讲，如今看到付梓的"同济博士论丛"，我想这就是大学对社会承诺的一种体现。这110部学术著作不仅包含了同济大学近10年100多位优秀博士研究生的学术科研成果，也展现了同济大学围绕国家战略开展学科建设、发展自我特色，向建设世界一流大学的目标迈出的坚实步伐。

坐落于东海之滨的同济大学，历经110年历史风云，承古续今、汇聚东西，秉持"与祖国同行、以科教济世"的理念，发扬自强不息、追求卓越的精神，在复兴中华的征程中同舟共济、砥砺前行，谱写了一幅幅辉煌壮美的篇章。创校至今，同济大学培养了数十万工作在祖国各条战线上的人才，包括人们常提到的贝时璋、李国豪、裘法祖、吴孟超等一批著名教授。正是这些专家学者培养了一代又一代的博士研究生，薪火相传，将同济大学的科学研究和学科建设一步步推向高峰。

大学有其社会责任，她的社会责任就是融入国家的创新体系之中，成为国家创新战略的实践者。党的十八大以来，以习近平同志为核心的党中央高度重视科技创新，对实施创新驱动发展战略作出一系列重大决策部署。党的十八届五中全会把创新发展作为五大发展理念之首，强调创新是引领发展的第一动力，要求充分发挥科技创新在全面创新中的引领作用。要把创新驱动发展作为国家的优先战略，以科技创新为核心带动全面创新，以体制机制改革激发创新活力,以高效率的创新体系支撑高水平的创新型国家建设。作为人才培养和科技创新的重要平台,大学是国家创新体系的重要组成部分。同济大学理当围绕国家战略目标的实现,作出更大的贡献。

大学的根本任务是培养人才,同济大学走出了一条特色鲜明的道路。无论是本科教育、研究生教育,还是这些年摸索总结出的导师制、人才培养特区,"卓越人才培养"的做法取得了很好的成绩。聚焦创新驱动转型发展战略,同济大学推进科研管理体系改革和重大科研基地平台建设。以贯穿人才培养全过程的一流创新创业教育助力创新驱动发展战略,实现创新创业教育的全覆盖,培养具有一流创新力、组织力和行动力的卓越人才。"同济博士论丛"的出版不仅是对同济大学人才培养成果的集中展示,更将进一步推动同济大学围绕国家战略开展学科建设、发展自我特色、明确大学定位、培养创新人才。

面对新形势、新任务、新挑战,我们必须增强忧患意识,扎根中国大地,朝着建设世界一流大学的目标,深化改革,勠力前行!

万　钢

2017 年 5 月

论丛前言

　　承古续今,汇聚东西,百年同济秉持"与祖国同行、以科教济世"的理念,注重人才培养、科学研究、社会服务、文化传承创新和国际合作交流,自强不息,追求卓越。特别是近20年来,同济大学坚持把论文写在祖国的大地上,各学科都培养了一大批博士优秀人才,发表了数以千计的学术研究论文。这些论文不但反映了同济大学培养人才能力和学术研究的水平,而且也促进了学科的发展和国家的建设。多年来,我一直希望能有机会将我们同济大学的优秀博士论文集中整理,分类出版,让更多的读者获得分享。值此同济大学110周年校庆之际,在学校的支持下,"同济博士论丛"得以顺利出版。

　　"同济博士论丛"的出版组织工作启动于2016年9月,计划在同济大学110周年校庆之际出版110部同济大学的优秀博士论文。我们在数千篇博士论文中,聚焦于2005—2016年十多年间的优秀博士学位论文430余篇,经各院系征询,导师和博士积极响应并同意,遴选出近170篇,涵盖了同济的大部分学科:土木工程、城乡规划学(含建筑、风景园林)、海洋科学、交通运输工程、车辆工程、环境科学与工程、数学、材料工程、测绘科学与工程、机械工程、计算机科学与技术、医学、工程管理、哲学等。作为"同济博士论丛"出版工程的开端,在校庆之际首批集中出版110余部,其余也将陆续出版。

　　博士学位论文是反映博士研究生培养质量的重要方面。同济大学一直将立德树人作为根本任务,把培养高素质人才摆在首位,认真探索全面提高博士研究生质量的有效途径和机制。因此,"同济博士论丛"的出版集中展示同济大学博士研究生培养与科研成果,体现对同济大学学术文化的传承。

"同济博士论丛"作为重要的科研文献资源,系统、全面、具体地反映了同济大学各学科专业前沿领域的科研成果和发展状况。它的出版是扩大传播同济科研成果和学术影响力的重要途径。博士论文的研究对象中不少是"国家自然科学基金"等科研基金资助的项目,具有明确的创新性和学术性,具有极高的学术价值,对我国的经济、文化、社会发展具有一定的理论和实践指导意义。

"同济博士论丛"的出版,将会调动同济广大科研人员的积极性,促进多学科学术交流、加速人才的发掘和人才的成长,有助于提高同济在国内外的竞争力,为实现同济大学扎根中国大地,建设世界一流大学的目标愿景做好基础性工作。

虽然同济已经发展成为一所特色鲜明、具有国际影响力的综合性、研究型大学,但与世界一流大学之间仍然存在着一定差距。"同济博士论丛"所反映的学术水平需要不断提高,同时在很短的时间内编辑出版110余部著作,必然存在一些不足之处,恳请广大学者,特别是有关专家提出批评,为提高同济人才培养质量和同济的学科建设提供宝贵意见。

最后感谢研究生院、出版社以及各院系的协作与支持。希望"同济博士论丛"能持续出版,并借助新媒体以电子书、知识库等多种方式呈现,以期成为展现同济学术成果、服务社会的一个可持续的出版品牌。为继续扎根中国大地,培育卓越英才,建设世界一流大学服务。

伍 江

2017 年 5 月

前　言

随着高分子学科的发展和人们环保意识的日渐提高,生物质来源高分子的发展非常迅猛,越来越多的化合物都可以从生物质中获取。

其中,聚乳酸(Polylactic acid,PLA)是一种目前研究较多的生物质聚合物,它具有良好的生物相容性和可降解性,能被自然界中微生物完全降解,最终生成二氧化碳和水,对保护环境非常有利。除此之外,它具有优良的力学强度,可塑性好,易于加工成型。虽然聚乳酸有很多优点,但是,现阶段聚乳酸的应用仍然受到其性脆、韧性较差、制备反应路线长和高成本等因素的限制。通过采用经济简单的直接熔融缩聚法,将具有低玻璃化温度和柔性链段的大分子引入聚乳酸链段,并采用异氰酸酯扩链法制备高韧性,且室温下高延展性的热塑性弹性体。热塑性弹性体的性能可通过聚乳酸分子链段与引入大分子的链段长度比例,异氰酸酯基团的数量等进行调整。

另外,羟甲基糠醛(HMF)为一种近年来备受关注的生物质化合物。它来源丰富,多糖类是 HMF 的主要来源,其研究对生物质材料的应用产生越来越大的影响,它可以通过果糖、葡萄糖、蔗糖、纤维素等物质的脱水反应获得。

本书以开发出适用于工业化生产的高性能生物质材料为目标,从共聚扩链、热降解、共混改性、自修复性和形状记忆多方面入手,研究和讨论了通过直接缩聚和异氰酸酯扩链,制备聚乳酸基热塑性弹性体(PLAE)的工艺,以及分子结构对其性能影响;热降解性的机理及影响因素、PLAE 对聚乳酸共混改性聚乳酸的性能,相结构和相容性等方面的研究,以及生物质自修复材料和生物质形状记忆材料的研究,分子结构对力学性能及自修复性能的影响。将自修复分子结构引入聚乳酸后得到的聚乳酸基自修复材料的自修复性等方面的研究。本书主要结果如下:

(1) 聚乳酸的共聚扩链及性能研究

采用直接熔融缩聚工艺制备了双羟基封端聚乳酸共聚预聚物(PLAG),参与共聚的大分子二元醇为聚四氢呋喃(PTMEG)。PLAG 的特性黏数随反应时间的延长和反应温度的升高而提高,而酸值则呈下降的趋势。以 HDI 为扩链剂,采取熔融扩链工艺对预聚物进行扩链,大幅提高了预聚物的分子量。DSC 和 POM 观察结果表明,PLAE 仍然为半结晶聚合物,结晶性能比 PLAG 大大下降;PLAE-20 的 T_g 已经接近室温,可望作为热塑性弹性体使用。PLAE 的断裂伸长率为 PLA 均聚物的 100 倍以上,冲击强度为 5 倍以上。PLAG 和 PLAE 的热稳定性明显受到体系中残余 Sn 催化剂量的影响。未添加催化剂的聚合物体系比添加 0.5 wt% 催化剂体系的热失重起始温度要高出 100℃左右。降低体系中 Sn 催化剂含量有助于增高 PLAG 的热稳定性。活化能 E_a 随催化剂用量的降低有明显的上升,随着 PTMEG 增加而降低的趋势。

(2) 聚乳酸基热塑性弹性体及其共混增韧聚乳酸研究

PLA 通过与 PLA 基热塑性弹性体 PLAE100 进行共混制备具有不同 PLA 含量的 PLA 共混物。DSC 的结果表明,PLAE100 和 PLA/PLAE 共混物存在相分离结构,共混物曲线中存在两个 T_g。PLAE100 含量较低的共混物,如含 10 wt%~30 wt% PLAE100 的共混物在拉伸强度和断裂伸长率方面都相较 PLA 有明显的提高。PLAE10 表现出明显的力学强度的提升,力学测试表明其拉伸强度超过 100 MPa,断裂伸长达到接近 30%。而纯 PLA 的断裂伸长率仅为 4.9%。AFM 和 SEM 等观察发现,PLAE100,PLA/PLAE 共混物基体中存在纳米尺度的相分离区域。在 SEM 的观察中发现,

PLAE100 低含量的共混物样品的断面呈现为粗糙表面,并存在纤维状的分子取向结构,这些结构的形成在拉伸断裂的过程中吸收外界能量,在增韧 PLA 方面发挥了重要作用。PLAE100 为分散相,PLA 作为基底的共混物相结构更有利于改善共混物的力学性能。少量的 PLA 热塑性弹性体即可达到良好的增韧效果,减少了成本。

（3）生物质自修复热塑性弹性体的制备与性能研究

通过 HMF 的还原产物 BHF 与琥珀酸 SA 的缩聚反应,制备一种主链上具有呋喃基团的生物质来源聚合物 PFS,并通过马来酰亚胺与其主链上呋喃基团的 Diels-Alder 反应交联制备的生物质室温自修材料 PFS/M。通过调节聚合物体系中 M_2 的含量,其力学性能可以被控制在一个很宽的范围内。当被拉伸断裂,断面表面能够再次愈合,并且不需要任何外界辅助条件(如压力、高温、溶剂、UV 辐射等),自修复完全在室温下进行。M_2 溶液和氯仿溶剂的辅助修复能够明显提高修复率。修复率随着呋喃/马来酰亚胺（F/M）比例的增高而上升。通过具有三甘醇结构马来酰亚胺交联的 PFS/M-6/1 表现出优异的修复性能,自修复条件下达到 75% 的修复率,在氯仿溶剂和 70 mg/mL M_2 溶液修复条件下达到超过 90% 的修复率。这也是首例基于呋喃和马来酰亚胺的室温自修复材料。

通过 5 种具有不同分子结构的 M_2 与 PFS 进行 DA 反应,成功合成了 5 种具有自修复功能的网络聚合物 PFS/Mx。M_2 的分子结构对 PFS/Mx 的 DA 反应的反应程度、力学性能和修复性能都有至关重要的影响。M_2 中的苯环结构倾向于提高 PFS/Mx 的拉伸强度,但会阻碍自修复过程的进行;另一方面,M_2 中的柔软链段,如长烷烃链段或三甘醇结构倾向于提升 PFS/Mx 的断裂伸长率并促进自修复过程的进行。在分子设计阶段,M_2 分子结构的可选择性,为 PFS/Mx 的力学性能和修复性能的可控性提供了一种有效的手段。这种通过 Diels-Alder 反应制备的具有可逆化学键的自修复材料,具有可控的力学性能,自修复网络分子结构,热可逆性带来的热塑性。通过将这种分子结构引入 PLA 分子中,有望有效地改进 PLA 的韧性的同时,并且赋予 PLA 新的高性能,如自修复性、可逆化学键带来的一般网络聚合物所不具备热塑性等。

(4)生物质形状记忆聚合物的制备与性能研究

通过控制 M$_2$ 溶液浓度,PFS/M 的 T_g 可以被控制在 17℃～53℃ 的范围内。这种 SMP 可以具有 4 个临时形变,并且从临时形变 1 到固有形变可以遵循多种回复路径。当 PFS/M 的不同区域同时被触发回复到固有形状时,它们的形状回复速度是不同的。对于 PFS/M 这种 SMP,样品不同区域的形状回复过程可以在不同温度下被触发,并且形状回复的温度和区域可以通过控制 M$_2$ 浓度、人工选择等手段自由选择和调节。PFS/M 的 SMP 不需要复杂的分子设计,合成方法也相对简单,外部刺激为温度,这也是最为简便的外部刺激手段。另外,其固有形状可以在高温下经过简单的热压过程多次重置,根据实际需要调节。

(5)具有自修复和形状记忆功能的聚乳酸基热塑性弹性体的制备与性能研究

成功制备了基于 PLA 和 PFS 的聚乳酸基嵌段共聚物 PFSLA。通过 ^{13}C NMR 证实了聚乳酸共聚物分子结构为嵌段聚合物。共聚物的 T_g 随着 LA 含量的升高而升高,并且聚合物结晶能力随着 PFS 链段交联含量的引入明显下降,随着交联度的上升,T_g 也随之上升,交联后的 PFSLA/M 交联度随 F/M 的升高依次降低,T_g 也依次降低,DSC 曲线中没有观察到熔点或结晶峰。呋喃与马来酰亚胺之间的交联有效地抑制了 PFSLA 分子结晶的形成。通过控制 M$_2$ 的含量,热塑性弹性体的力学性能能够在一个很广的范围内被很好地控制。PFSLA/M 的力学性能与 F/M 密切相关。具有相对低交联密度的 PFSLA/M-6/1 表现出 400% 以上的断裂伸长率。随着 M$_2$ 含量的增高,拉伸强度逐渐上升,断裂伸长逐渐减小。PFSLA/M-2/1 的断裂伸长达到 28 MPa 左右。PFSLA/M 展现出很好的自修复性能,断裂伸长的回复率达到 65.2%,拉伸强度达到 61.7%。随着 PLA 链段含量增多,聚合物自修复效果降低。基于室温自修复的结果,可以得出聚乳酸基自修复材料中聚合物 PFS 含量对自修复性起到至关重要的作用。R_f 和 R_r 分别达到 97.3%和 96.3%。通过将自修复分子结构引入 PLA 中,很好地改善了 PLA 韧性的同时,赋予了 PLA 以自修复性能和形状记忆性能,拓宽了 PLA 材料在更多领域应用的可能性。

目　录

第 **1** 章

绪　论

1.1　引　　言

近年来,环境污染、能源短缺、温室效应等问题,已经成为人类社会不得不解决的重大问题,世界范围内对环境、能源等可持续发展战略投入越来越多的关注。新材料产业是我国战略性新兴产业的主要内容。利用丰富的农林生物质资源,开发环境友好和可循环利用的生物质材料,最大限度地替代塑料、钢材、水泥等材料,是国际新材料产业发展的重要方向。21世纪以来,生物质材料受到发达国家广泛重视,呈现快速发展的势头,以农林生物质为原料转化制造的生物塑料、节能保温材料、木塑复合材料、热固性树脂材料、功能高分子材料等生物质材料和生物质单体化合物、生物质助剂、表面活性剂等生物质大宗精细化学品快速增加,产品经济性正在逐步增强。拜耳、巴斯夫、埃克森美孚、道达尔、帝人、杜邦等跨国公司长期致力于生物质材料的研发,推动了全球生物质材料的商业化进程。目前我国已将生物产业列为战略性新兴产业。生物质材料作为生物产业的重要组成部分,对整个生物产业的发展具有重大的意义。

2009年,全球石油基材料年产量为1.65亿吨。在全球石油资源供给日趋紧张,石油为原料的合成塑料所引发的环保问题日益突出,消费者环保意识不断增强的刺激下,利用生物质资源通过工业生物技术过程生产的生物材料替代三大合成高分子有机碳材料,既迫切又具有广阔的市场前景。欧洲生物塑料协会表示,2013年全球生物塑料产量达到每年1.46 Mt左右。

与石化材料相比,生物质材料的优点为:① 低碳排放。因生物质材料在生长过程汇总可吸收大量的二氧化碳气体,具有碳中和作用,因此生物塑料的二氧化碳排放量只相当于石化塑料的20%,也称为低碳塑料。使用低碳塑料可降低二氧化碳的排放量,有利于降低地球升温速度。

（2）循环再生。生物质可以年复一年自然生长,取之不尽用之不竭,是目前地球上唯一未被很好利用的丰富资源。

（3）降解性能。大部分生物塑料都具有良好的生物降解性能,废弃后不会产生"白色污染"。

我国现有的林木生物质资源总量在 190 亿吨以上,此外还有 2 亿多吨林地废物与木材加工利用剩余物和 7 亿多吨农作物秸秆(如麦秸、稻草、玉米秸以及棉花秆)。但绝大多数的秸秆均未得到有效利用。

如能充分利用这些资源,将带来巨大的经济效益和社会效益。如果将我国每年产的 7 亿多吨农作物秸秆和 2 亿多吨林地废物与木材加工利用剩余物的 1/9,即 1 亿吨转化成木塑复合材料或秸秆基塑料复合材料,其产量可达 1.7 亿吨,则根据现有市场价格计算,其产值可达 2 万多亿元。每年如果利用 20%(即 1.8 亿吨)的生物质资源,以每吨 200 元计,可为农民增加收入 360 亿元;如果产业产值达到 5 000 亿～7 000 亿元,则可提供 1 000 万个就业岗位,新增 700 亿元收入,并将大大促进农村富余劳动力转移和中小城镇建设,有利于缩小工农差别和城乡差别。

到 2020 年,生物质能源占世界能源消费的比重将达到 5%左右,生物质材料将替代 10%～20%的化学材料,生化技术将替代 30%～60%的化学方法。在能源和资源供给的巨大缺口已成为我国经济与社会可持续发展瓶颈的紧要关头,如何利用生物质资源和技术已成为摆在中国乃至世界面前的重要课题。

1.2　生物质材料

生物质材料是指利用可再生生物质,包括农作物、树木、其他植物及其残体和内含物为原料,通过生物、化学以及物理等手段制造的一类新型材料。主要包括生物塑料、生物质平台化合物、生物质功能高分子材料、功能糖产品、木基工程材料等产品,具有绿色、环境友好、原料可再生以及可生物降解的特性。其中,生物可降解材料,通常是指那些被植入人体内或环境中,结构能够被酶或者微生物的活动破坏,而不断发生降解,最终降解产物可被人体或环境所吸收的一类材料。它主要分为天然生物可降解材料和合成可降解材料。前者主要包括淀粉、纤维素、明胶、壳聚糖等生物大分子,后者主要是一些直链聚酯如：聚乳酸

（PLA）、聚羟基丙酸（PHA）、聚丁二酸丁二醇酯（PBS）、聚己二酸丁二醇酯（PBA）、BASF 公司的 Ecoflex 等产品。这其中又以聚乳酸（Polylactic acid，PLA）最具发展潜力，被产业界定为新世纪最有发展前途的新型包装材料，是环保包装材料的一颗明星，在未来将有望代替聚乙烯、聚丙烯、聚苯乙烯等材料用于塑料制品，应用前景广阔。

1.3 聚乳酸及其聚合物

聚乳酸的合成制备、加工及应用是生物可降解材料研究中，最为活跃的领域之一。聚乳酸来源于可再生的非粮农作物（如木薯、甜高粱、植物纤维素等），其最突出的优点是生物质来源和可堆肥降解性，其来源于自然，使用后又能被自然界中微生物完全降解，最终生成二氧化碳和水，不污染环境，对保护自然环境非常有利。它是一种真正的生物塑料，有良好的抗溶剂性，无毒、无刺激性，良好的生物相容性，可生物分解吸收、强度高、防潮、耐油脂、透气性好，还具有一定的耐菌性、阻燃性和抗紫外线性，不污染环境，可塑性好，易于加工成型[1-4]。

并且，作为一种热塑性的聚合物，聚乳酸由于具有很好的力学性质、热塑性、成纤性、透明度高，适用挤出、模塑、浇注成型、熔融纺、溶液纺、吹塑等多种方法加工，其部分性能优于现有通用塑料聚乙烯、聚丙烯、聚苯乙烯等材料，被产业界认定为是最有发展前途的新型包装材料之一。随着人们对塑料的需求越来越大，采用聚乳酸替代现有石油基高分子材料是一个能同时解决资源和环境问题的完美选择，生产可再生塑料，可降低人类日益对不可再生资源石油的依赖。作为最重要的生物质高分子材料，聚乳酸已被全球公认为新世纪最有发展前途的塑料。同时，由于聚乳酸优良的生物相容性，其降解产物能参与人体代谢，已被美国食品医药局（FDA）批准，可用作医用手术缝合线、注射用胶囊、微球及埋植剂等。目前聚乳酸的应用主要还集中在医用临床领域[5-11]。

虽然聚乳酸有很多优点，但是现阶段的聚乳酸树脂商品仍存在着性脆、韧性差、质硬且缺乏弹性等缺点。

（1）机械性能：

左旋聚乳酸（PLLA）是与聚苯乙烯（PS）、聚对苯二甲酸乙二酯（PET）性能相近的热塑性结晶高聚物，但性脆，抗冲击性差，并且 PDLLA 是非晶高分子，力学强度明显低于 PLLA。

（2）加工性能：PLA 对热不稳定，即使在低于熔融温度和热分解温度下加工也会使分子量大幅度下降。

（3）价格贵：乳酸价格及其聚合工艺决定了聚乳酸的成本较高。其制品若用于生物医学还是具有一定的市场。但是，要使聚乳酸作为通用塑料，其价位还很难被市场所接受。

（4）聚乳酸均聚物的制备方法主要有乳酸直接缩聚法（一步法）和丙交酯开环聚合法（两步法）。丙交酯开环聚合法由于反应路线长，丙交酯需在高真空高温的条件下才能得到，致使成本太高，难以大量生产。而乳酸直接缩聚法无法获得高分子量的产物，聚乳酸均聚物质硬而韧性较差，断裂伸长率及冲击强度低，缺乏柔性和弹性，极易弯曲变形[12-14]。

这些缺点限制了聚乳酸在许多方面的应用，如在薄膜包装、服饰纤维甚至是在一些对材料力学性能要求略高的通用塑料领域内也难以得到广泛的应用。为克服上述缺点，必须对聚乳酸进行改性，改善 PLA 材料的柔韧性和弹性，机械性能和加工性能，以及降低聚乳酸的成本。

聚乳酸改性的方法通常分为两类，一类是共混改性，另一类是共聚改性。

在聚乳酸共聚改性时，通常利用分子设计引入第二、第三甚至第四组分进行共聚，合成具有更好应用性能且力学、耐热性、降解速度可控的生物降解材料。将乳酸与其他单体共聚改性，以调节共聚物的分子量，共聚单体数目和种类来控制降解速度并改善结晶度、亲水性等。尤其以嵌段共聚物的前景最为广阔。通过共聚，在不同嵌段之间形成共价键，增强了不同组分之间的化学力。通过分子链的设计，调节共聚比例，改变大分子链中软硬段的嵌段长度，或是调节添加的第二，第三组分单体的分子量或种类，改变聚合工艺条件等都可以得到具有不同性质的聚合物，更增加了嵌段聚合物的适用范围。

根据分子链段的排列，聚乳酸的线性嵌段共聚物可分为三大类，如图 1－1 所示。第一类是 AB 型的嵌段共聚物，其分子链是由 A 的均聚物链段和 B 的均聚物链段组成；第二类是 ABA 型嵌段共聚物，绝大多数聚乳酸的嵌段共聚物都属于此类，其中第二组分作为软段或硬段起到调节聚合物性能的作用；第三类为 (AB)n 型嵌段共聚物，其分子链是由 A 和 B 重复单元链接而成，此类嵌段共聚物一般都具有相当高的分子量，也称为多嵌段共聚物，可通过 ABA 型嵌段共聚物与偶联剂（1,6－六亚甲基二异氰酸酯（HDI）等）的反应得到，这也是聚乳酸嵌段共聚物获得高分子量的一种手段[15]。

近年来，许多扩展性的工作都投入聚乳酸的嵌段共聚物的研究上，以期待得

(One) AB type di block copolymers

(Two) ABA type tri block copolymers

(Three)(AB)$_n$ type multiblock copolymers

图 1 - 1 　 PLA 嵌段共聚物类型

到理想高性能的生物可降解材料,聚乳酸嵌段共聚物可以通过许多方法制备,比如丙交酯开环共聚;乳酸与第二组分的直接缩聚,其中又包括溶液缩聚和熔融缩聚;聚乳酸嵌段共聚物的扩链反应等。其中乳酸的熔融缩聚与扩链反应的联用在聚乳酸可降解材料的设计上显得尤为突出。首先,熔融缩聚避开了丙交酯的两步法,简化工艺,大大节省成本,不必考虑溶液缩聚后产物的提纯等问题,添加的第二组分一般为直链结构的醇类或醚类,作为共聚物的软段起到改善聚乳酸脆性、增韧、增强作用。该方法单体转化率高、工艺简单、能合成价格较低的聚乳酸,但得到的聚合产物相对分子质量只有 2 万~3 万[16,17](图 1 - 2)。

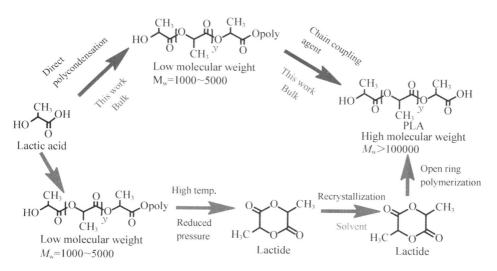

图 1 - 2 　 PLA 合成路线图

因此,如何提高聚合产物相对分子质量是关键,目前,很多研究者正致力于此方面的研究。一般的方法是对羟基封端的共聚物用偶联剂进行偶合,将一步法产物的分子量提高以及引入柔性链段来改善聚乳酸均聚物脆性。聚己内酯(PCL)、聚己二酸丁二醇酯(PBA)、聚丁二酸丁二醇酯(PBS),以及 BASF 公司产品牌号为 Ecoflex 的聚己二酸对苯二甲酸丁二醇酯(PBAT)等这些聚酯,这些聚酯的链结构大都比较柔顺有良好的结晶性,熔点大都在 50 ℃~120 ℃之间,玻璃化转变温度在 -70 ℃~ -20 ℃之间,低温性能优异,且常温下有良好的韧性,但这些聚酯产品价格也远高出 PE,PP 等通用塑料的价格。通过共聚或共混的方法将它们和聚乳酸结合起来,可以大幅度改善聚乳酸的相应性能,并降低这些材料的使用价格。

有学者报道,通过调节聚乳酸嵌段共聚物体系中软硬段比例,可获得具有不同降解速率的可用于骨、软骨、皮肤等组织工程的支架材料。乳酸(LA)、乙醇酸(GA)的均聚物,聚乳酸(PLA)、聚乙醇酸(PGA)及其共聚物 PLGA 已商品化。侧链甲基—CH_3 的存在使 PLA 的疏水性较 PGA 强,降解较慢。改变主链上 2 个单体的比例,PLGA 的降解时间可从 1 个月延长至 1 年。而改变嵌段共聚物 PLA/PEG 和 PLA/PEG/PLA 中 PEG 的含量,调节亲水/疏水和软/硬段之比,可对其降解速率加以控制。为了使 PGA 的良好降解性、生物相容性既得以保持,其加工性、力学强度又得以改进,将 GA 与芳香羟基酸共聚,引入强度高、加工性好的芳香酯段,得到的共聚物可降解、易加工、力学强度高[18]。聚己内酯(PCL)是通过其单体己内酯开环聚合得到,是一种重要的石油基聚酯。拥有较低的玻璃化转变温度和较大的断裂延伸率,将其和聚乳酸共聚可以提高聚乳酸的低温性能和韧性。人们对共聚物的力学性能、热性能和降解性能作了广泛研究。[19] 少量己内酯(CL)单体(百分比 5%~20%)和 D,L-乳酸单体共聚得到的 PCL-b-PDLA 嵌段共聚物 T_g 约 30 ℃,拉伸强度从 32 MPa 下降到 2 MPa,断裂延伸率最高到 500%,降解周期也显著缩短。Huang 等[20] 使用苯胺齐聚(AP)物与 PLA 制备出具有导电性的 PLA-AP-PLA 三嵌段共聚物,分子结构中 AP 为具有导电性的中心,相比于纯的 AP,这种共聚物能很好地溶于有机溶剂中,这使得这种共聚物具有出色的热机械性能,同时还具有可降解和生物亲和性等优点,能够应用于医药方面。通过对羟基封端的共聚物用偶联剂进行偶合,进一步增加聚合物强度,提高分子量,采用和扩链剂形成多嵌段共聚物,同时引入的扩链剂结构也会对聚合物的性能产生影响,直链扩链剂能够进一步增韧共聚物,而芳香族类扩链剂则能够增加强度,提高共聚物耐热性。

1.4　生物质呋喃单体及其呋喃聚合物

随着高分子学科的发展和人们环保意识的日渐提高,生物质来源高分子的发展非常迅猛,越来越多的化合物都可以从生物质中获取,日常的聚合物高分子的合成有了更多起始单体选择[21-23]。在不久的将来,政策引导的经济活动将逐渐由不可再生的石化碳资源向可再生资源转变,大量新技术将需要被开发出来,以支持社会对碳基化学品的依赖[24]。

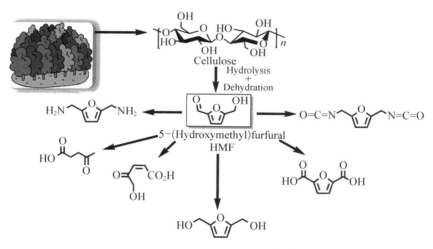

图 1-3　HMF 与其衍生物[27]

其中,羟甲基糠醛(HMF)就是一种近年来备受关注的生物质化合物。它来源丰富,近年来,关于 HMF 的生物质衍生物和及单体合成报道骤增。多糖类是 HMF 的主要来源,其研究对生物质材料的应用产生越来越大的影响,它可以通过果糖、葡萄糖、蔗糖、纤维素等物质的脱水反应获得[25-29]。在新型催化剂、反应介质和反应过程等的选择中,近几年在这些问题的解决上获得飞速的进展,为 HMF 成为工业化商品奠定了基础。但是,目前最大的困难是其降解性,即使在相对温和的环境下,HMF 都无法进行存储。于是,将 HMF 在原产地改造成稳定的衍生物似乎是最实际的方法[27]。

以 HMF 为起始原料,呋喃的许多单体都可以制备,并经过与其他单体聚合后得到各种有用的高分子,可与众多从石化资源获得的聚合物性能相媲美。也就是说,这些单体可用于众多当今商业化的聚合物的制备中。虽然,HMF 的生产由于提纯和提高产率方面的困难受到了限制而放缓,但由于其能够很方便地过氧化或还原,转化为其他用于高分子合成的单体,在过去的几年,大量的文献报告表明[26,27,30-35],通过激励其合成的实际利益,HMF 的量化制备过程将很快成为现实。

HMF 的报道有很多,其中有两条明显可行的聚合物合成途径,其中之一是氧化成相应的醛或二酸。事实上,通过有效的制备 HMF 的方法,HMF 聚合物的有关研究开始出现在由其氧化产物 2,5-二呋喃甲酰和 2,5-呋喃二甲酸(FCA)得到的聚酯。其中,FCA 是非常具有潜在应用价值的单体,可通过缩聚等手段得到实际生活中使用的聚酯和聚酰胺类聚合物。有趣的是,HMF 的还原产物 2,5-双羟甲基呋喃,并没有任何正式的聚合物研究报道,可能是因为其替代品糠醇(FA)的制备更加可行[27]。因为 HMF 的氧化产物 FCA 及其氯化物可较容易地合成高稳定性的呋喃聚酯,其性能可与聚对苯二甲酸乙二醇酯(PET)媲美,即利用可再生资源,为制备生物质高性能聚酯提供了一种有效手段[36-37]。

目前,研究者已经成功制备了一系列呋喃芳香族聚酯(图 1-4),是通过直接酯化法将 FCA 与乙二醇、1,3-丙二醇、1,4-丁二醇、1,6-己二醇和 1,8-辛二醇等进行酯化反应,制的呋喃聚合物密度在 1.19~1.38 kg/m^3。XRD 的结果表明 FCA 与这些具有不同碳链长度的二醇形成的呋喃聚合物为结晶聚酯,并

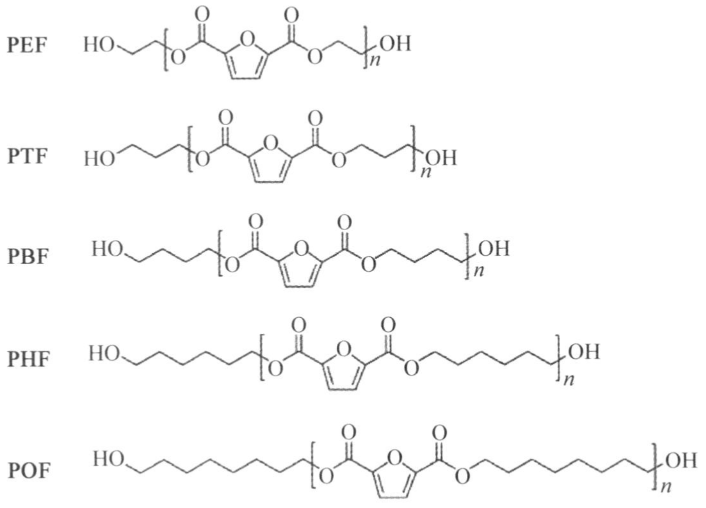

图 1-4　呋喃芳香族聚酯[38]

且具有亲水性,良好的热稳定性和实用的力学性能,断裂伸长率随着碳原子数目的增加,从 4.2% 增加到 210%,拉伸强度在 19.8～68.2 MPa 的范围内,杨氏模量在 340～2 070 MPa 的范围内。FCA 与 1,6-己二醇得到的聚酯同时具有最高拉伸强度和断裂伸长率。这一系列的呋喃聚酯有希望作为替代例如 PET 等石油基材料的理想候选[38]。

另外通过采用不同的缩聚技术,FC 甚至可以与环状、呋喃二醇进行缩聚。因为脂肪族二醇良好的挥发性,可以通过使用聚酯交换的方法与 FCA 进行缩聚。这赋予了高聚合物高分子量、半结晶性及良好的热稳定性。特别值得一提的是,基于乙二醇的聚酯,性能堪比重要的工业聚酯 PET。

基于异山梨醇的聚酯具有无定形的状态,聚合物链段非常僵硬从而导致聚合物拥有高 T_g 和良好的热稳定性。酰氯和对苯二酚之间的界面缩聚制备的半结晶性材料,拥有与芳香族聚酯的类似特点,如没有熔点和在溶剂中的低溶解性,这都与它们的链刚性密切相关。当对苯二酚替换为苯甲醇,可以得到一个在反应步骤上更易处理的聚酯[37],相关单体如图 1-5 所示。

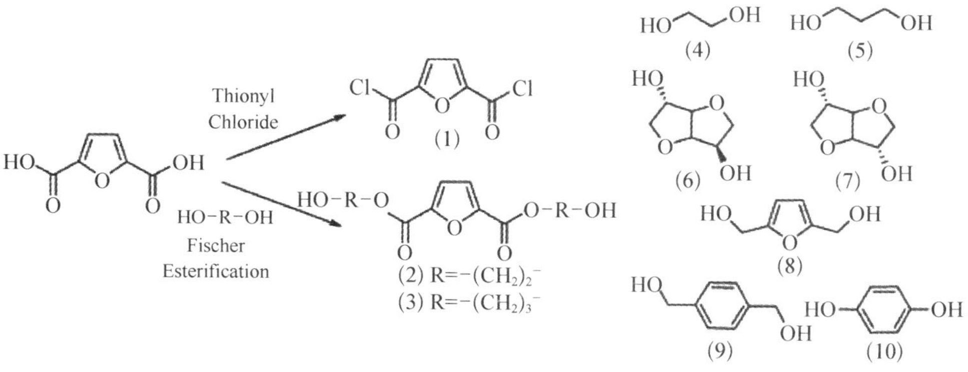

图 1-5 FCA 相关单体的制备及缩聚使用的二元醇[37]

以上提到的领域仅仅让呋喃单体作为聚合物的一个组分使用,包括为准备这些单体的过程,聚合行为和共聚体系及评估性和随之而来的材料的可能应用领域。另一方面,使用呋喃分子结构的功能化学特征,使其呋喃环的功能完全释放出来,赋予原来的聚合物高功能性的相关研究越来越受到研究者们的热切关注。说到呋喃高功能聚合物,这里就不得不提到糠醇 FA。糠醇由与 HMF 类似的生物质单体糠醛的还原反应得到。目前,FA 已是完善的工业商品,绝大部分的糠醛被转化成糠醇 FA。关于 FA,已发现许多应用领域,作为材料单体的应用十分活跃。这些应用包括：将 FA 基团作为大分子的末端官能团,嵌段和接枝聚合物,采用呋喃环的 Diels - Alder(DA)反应性的应用[39],如图 1 - 6 所示,通过 FA 制备具有热可逆交联的聚合物——自修复聚合物[39],另外,还可以制备可回收聚合物[40]和形状记忆聚合物[41]等许多具有高功能性质的聚合物。

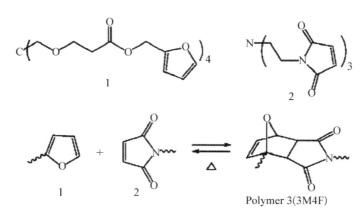

图 1 - 6　聚合物末端呋喃基团制备自修复聚合物[39]

　　FA 用于聚合物的方法可以概括为:① 直链的聚合条件;② 形成网络结构的反应;③ 形成树枝状或超支化聚合物的反应。FA 与马来酰亚胺的可逆 DA 反应使得聚合物在高温逆反应后可以通过 DA 化学键的断裂,从聚合物还原到起始单体。因为 DA 点击化学反应具有可逆性,并且 DA 和 DA 逆反应不产生任何副产物。

　　DA 反应是共轭双烯与亲双烯体生成 6 元环的反应。即使新形成的环之中的一些原子不是碳原子,这个反应也可以继续进行。是有机化学合成反应中非常重要的碳—碳键形成的手段之一,如图 1 - 7 所示。

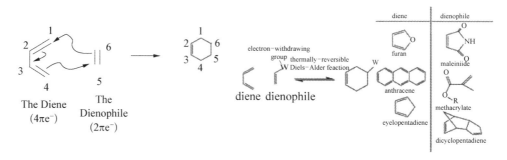

图 1 - 7　Diels - Alder 反应及常用单体

DA 反应是一个放热的反应。这是一个一步完成的协同反应。没有中间体存在,只有过渡态。一般条件下是双烯的最高含电子轨道(HOMO)与亲双烯体的最低空轨道(LUMO)相互作用成键。由于是不涉及离子的协同反应,故普通的酸碱对反应没有影响。但是路易斯酸可以通过络合作用影响最低空轨道的能级,所以能催化该反应。一般亲双烯体上连接吸电子基团会有助于 DA 反应的进行。一些常见的合成中所用到的共轭双稀体如呋喃、蒽和环戊二烯,亲双稀体如马来酰亚胺、甲基丙烯酸酯、双环戊二烯。

1.5 自修复材料

如今,具有自修复能力的材料成为一个激动人心的研究领域。自修复材料在受到损伤后能够自动修复受损区域,这有效地提高材料的耐用性、安全性和使用寿命,减少废弃的材料更能够减少资源的使用和对环境的影响[42]。在生活中,它们有很多的应用,如智能手机外壳或贴膜,汽车和航空航天领域中的关键部件,油箱,电子电路设备等。

目前为止,研究者们在自修复材料领域进行了许多研究来提升它们的性能[43-44]。其中,可逆化学键的运用成为自修复材料制备中最常用的手段之一。通过化学反应形成的可逆化学键包括 Diels - Alder(DA)反应[39]、光致二聚反应[45],或者是非共价键[46],如氢键或 π - π 重叠[47]。许多新颖的基于可逆化学键的自修复材料已经有所报道[48-52]。特别地,最近有研究者报道了一种生物质的室温自修复橡胶[46]。当这种橡胶被切断,断面的可逆化学键进行解离。因为这些化学键是可逆的,断面的可逆化学键在断面再次接触后重新连接,从而恢复它们的形状和性能。

有学者通过在聚合物基体中引入含有化合物(单体、修复剂等)的中空胶囊来进行聚合物裂纹的自修复,这种中空胶囊在受到外力破坏后能够释放出修复裂纹的化合物单体,单体遇到聚合物基体中包裹的催化剂发生聚合物,从而达到自修复的目的[54]。2001 年,White 等人报道了一种能够自修复裂缝的环氧树脂复合材料,通过巧妙地将含有单体的胶囊混入聚合物基体中,当聚合物基体发生断裂导致胶囊破裂,包裹在其中的单体被释放出来,这些单体沿着裂纹流动,遇到预先添加到基体中的催化剂,发生聚合从而沿着裂纹进行修复(图 1 - 8)。然而,这种修复大多为一次性的,目前还不清楚在这种自修复体系下如何提高有效

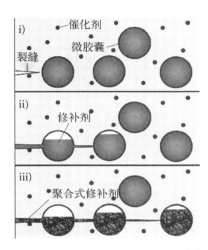

图 1－8　胶囊体系的自修复机理[53]

自修复的次数[53]。

第一例基于 DA［4＋2］环化加成反应的自修复材料是呋喃和马来酰亚胺之间的 DA 反应[39]。2002 年，Chen X 报道了一种能够在温和的条件下反复进行修复的透明聚合物材料，这种材料在室温下为坚韧的固态，具有类似商业化环氧树脂的力学性能。在温度为 120℃时，约 30％（通过固态核磁共振得出）的 DA 结合断开，在冷却后又再次连接。这个过程是完全可逆的，可以用来多次修复聚合物中的裂痕，并且不需要催化剂或者外加的单体或是断面的表面处理等。

样品荷载-位移曲线如图 1－9 所示，图中显示修复后的样品的荷载约为原始样品荷载的 57％。两个断面的精确放置与否和热处理温度都会影响的修补效率。在 150℃时，修复率约为 50％的效率，而在 120℃时，修复率约为 41％[39]。

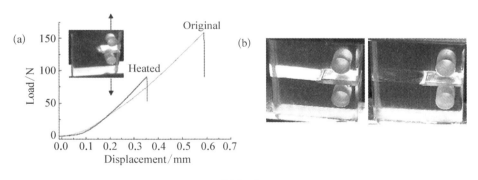

图 1－9

（a）修复率通过拉伸测试中断裂韧性的计算得出。韧性数值通过临界荷载作用下，修复和原始样品中沿着样品中心裂纹的增长得出；（b）自修复前后的样品[39]

基于这项极具启发性的研究，研究者们报道了许多关于 DA 反应自修复材料的成果[55-64]。由于 DA 反应的可逆性，化学键可以反复解离和再结合从而可以对受损区域进行修复[44]。但是，这些聚合物的修复过程需要外部刺激，如加热[40,55-61]或者通过马来酰亚胺溶液交联剂的处理[62]，但这些都不是最理想的自修复条件。

Chen X 研究组通过呋喃聚合物与两种不同马来酰亚胺的交联制备得到交

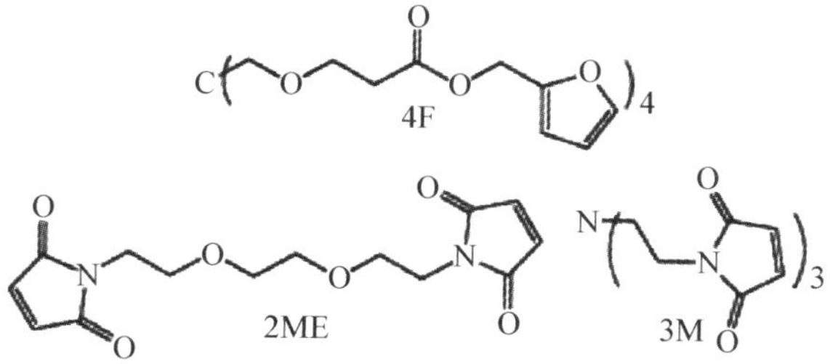

图 1‐10　自修复材料用到的呋喃聚合物与两种马来酰亚胺交联剂[55]

联的自修复材料,如图 1‐10 所示。发现通过 2ME 软链段马来酰亚胺交联的呋喃聚合物 T_g 大约为 30℃～40℃,而通过 3M 马来酰亚胺交联的呋喃聚合物 T_g 却高达 80℃。两种聚合物的 DA 交联部位是热可逆的,并可以在高温下用于修复裂缝部分。对于通过 3M 马来酰亚胺交联的呋喃聚合物,断裂的样品断面在 115℃下 30 min,然后 40℃下 6 h 的热处理后 DA 部分再交联后,修复率可以达到 81%,而第二次修复的修复率达到 78%,显示出非常好的可修复的重复性。初步研究表明,通过 3M 马来酰亚胺交联的呋喃聚合物可以通过简单的热处理过程进行反复并有效的修复[55]。

DA 反应也被用于环氧树脂的制备中。有文献报道了一种通过两步合成路线制备的新型环氧树脂,研究中用于制备环氧化物的大分子上修饰了呋喃基团。它具有类似于商用环氧树脂的力学性能。尽管这种环氧树脂具有较高的 T_g(128℃～136℃),但其中的 DA 键仍然正常运作并具有可逆性。利用这种特性,环氧树脂的裂痕可以在控制温度和时间的调节下,通过连续的 DA 和 DA 逆反应进行可控的修复[65]。

另外,有报道利用环戊二烯[63]和蒽[64]的 DA 反应制备新颖独特的室温自修复材料。前者能够制备一种能够快速自修复的材料,然而后者能够制备一种具有高热稳定的聚合物。基于之前描述过的 Diels‐Alder 反应,带有环戊二烯官能团的聚合物可用于自修复聚合物的制备。通过长而柔的链段的引入,并通过动态 DA 化学键的交联可以制备高功能弹性体。事实上,通过单体可以在室温下,轻易地通过 DA 化学键进行连接,即使是在高密度的网络结构中。这赋予了聚合物拉伸力学强度和自修复性能[63]。这项研究扩展了共价键聚合物制备领域,具有类似超分子和非共价键聚合物自组装的概念。通过调节 DA 官能团之间达到平衡时的常数,如分子结构、相邻基团、温度等,能够对聚合物的自修复性能进行控制。

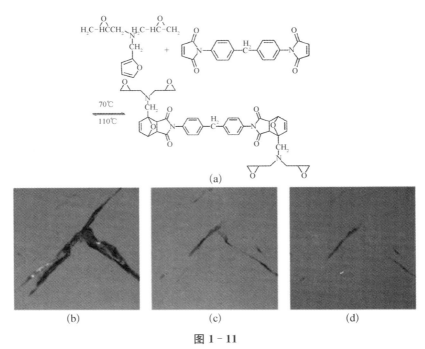

图 1-11

（a）呋喃和马来酰亚胺在环氧树脂内的 DA 反应和 DA 逆反应，固化后的环氧聚合物的自修复性。损坏的样品首先在 125℃下受热 20 分钟；接着，它们被转移到 80℃的烘箱中，时间设定为：（b）0 h；（c）12 h；（d）72 h[65]

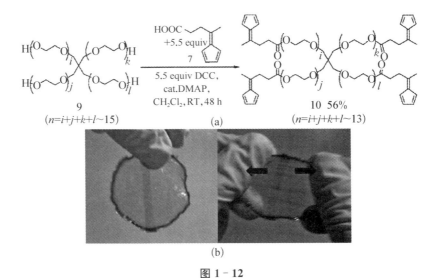

图 1-12

（a）环戊二烯的聚合物的制备；（b）基于动态化学键 Diels-Alder 反应的修复后的薄膜（左）和在拉伸状态下的薄膜（右）。较暗的长方形部分是薄膜重叠并且自修复发生的区域[63]

研究发现,这种 DA 化学键仅仅在非常高的温度下才会解离,通过更换聚合物主链结构,可以得到许多不同性质的聚合物,可以说蒽和马来酰亚胺的动态化学键组合为聚合物提供了同时具有自修复性和良好热稳定性的可能性。通过拉伸试验,对聚合物的自修复行为进行分析(图 1 – 13),图中包含原始样品拉伸曲线和修复样品拉伸曲线。原始样品表现出优良的弹性,拉伸强度达到 26 MPa,断裂伸长率达到 1 000%以上。在 100℃下修复 3 天后的样品,拉伸强度达到原始样品的 55%,断裂伸长达到 90%。这里的修复绝不是单纯的链缠结,而是通过 DA 动态化学键带来的分子链的再结合[64]。

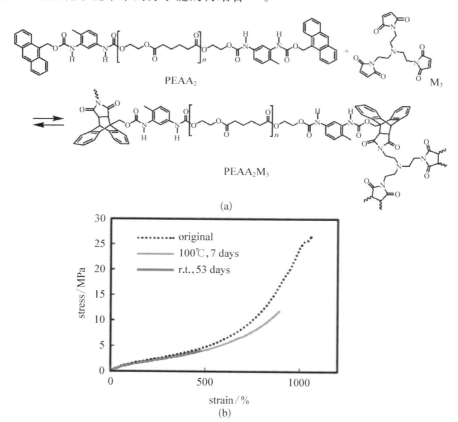

(a)

(b)

图 1 – 13 以蒽基团为末端的聚合物与三马来酰亚胺进行 DA 反应[64]

另外,蒽也可以作为聚合物末端的 DA 动态化学键进行自修复聚合物的制备。蒽与马来酰亚胺之间的 DA 反应有助于提高聚合物的热稳定性,是有别于呋喃和马来酰亚胺的另一种 DA 动态化学键组合。蒽与马来酰亚胺的结合在室温下就能够进行,化学键的解离可在外力的作用下进行,但对温度却不敏感。通过这种机械化学的可逆性，由末端修饰蒽基团的聚丙烯酸乙酯（PEA）网络聚合物有了自修复的性能。

1.6　形状记忆聚合物

形状记忆材料（SMP）是智能材料的一种，指能够感知并响应环境变化（如温度、力、电磁、溶剂等）的刺激，对其力学参数（如形状、位置、应变等）进行调整，从而回复预先设定状态的材料。在一定条件下，形状记忆材料被赋予一定的形状，外部条件发生变化时，它可相应改变形状并将其固定。如果外部环境以特定的方式和规律再一次发生变化，形状记忆材料便可逆地恢复至起始状态。至此，完成"记忆起始态—固定变形态—恢复起始态"的循环。形状记忆高分子聚合物因为形变量大、原材料充足、易包装和运输、易加工性、价格便宜、耐腐蚀、电绝缘性和保温效果好等优势，成为被大力发展的一种新型形状记忆材料[66]。传统的SMP是指能够记忆一种或两种临时形变，当受到外界刺激，如温度[67-70]、电流[71]、光照[72-75]（可见光、UV 辐射、红外辐射）、湿度[76]或磁场[77,78]等，能够恢复到固有形状的材料。在这些外界刺激中，温度是最常用且最方便的外界刺激手段，因为温度更贴近日常生活并来源广泛。目前，备受研究者关注的热响应SMP 以 T_g 或 T_m 作为形状改变的温度临界点，它们通常被加热到 T_g 或 T_m 以上在外力作用下首先进行临时形变，然后在保持外力的作用下迅速冷却到 T_g 或 T_m 以下以保持临时形变。当再次被加热到温度临界点，它们又会恢复到固有形状。目前，绝大多数的热响应 SMP 只能记忆一个或两个临时形变，能够记忆三个甚至以上的多形变记忆效应（Multi-Shape Memory Effect，MSME）的 SMP 鲜有报道。目前为止，具有 MSME 的 SMP 需经过精巧复杂的分子设计，如在分子设计的阶段结合几种具有不同 T_g 或 T_m 的聚合物组分[79,80]，赋予聚合物明显的相分离结构。但是通常制备具有这种结构的聚合物不是一件容易的事情。另外，绝大部分已报道的热响应 SPM 的化学组成在整个都是均匀分布的，样品不同的区域会在同一温度下进行形状恢复，这在很大程度上限制了形状的复杂性和可变形数目。也有文献报道用具有宽 T_g 的聚合物引入不同相变，达到将MSME 导入高分子的作用[69]。另外，使用碳纳米管（CNT）[81]和金属氧化物[82]等局部改变聚合物的化学成分，也可以达到将 MSME 导入高分子的作用。

研究中，使用产品化的酰胺修饰多壁碳纳米管（SWNT）为填料，因为

SWNT 能够溶于乙醇并能够均匀地在 Nafion 基体中分散。扫描电镜结果显示，SWNT 在基体中形成了很好的分散。在聚合物基体中具有半导体性的 SWNT 能够有效吸收近红外光，并将其转化为热能，因此就像无数个分散在 Nafion 基体中的纳米加热器。

这种远程控制、局部可控的多形状记忆效应展现出很好的形状固定率和形状回复率的可调性。在图 1-14(a)—(e)中，通过红外激光作用，聚合物能够形成两种临时形变：卷曲($T=70℃\sim75℃$)和弯曲($T=140℃\sim150℃$)。并结合加热的手段，聚合物展现出三种临时形变[81]。

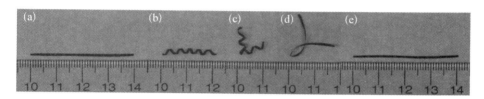

图 1-14 含 0.5 wt%SWNT 的 Nafion 聚合物薄膜的宏观和微观的形状记忆效应。(a—e) 聚合物的多形状记忆周期

(a) 原始形状；(b) 在 808 nm 的红外激光作用下卷取($6\ mW/mm^2$，$T=70℃\sim75℃$)，然后冷却；(c) 在 808 nm 的红外激光作用下局部弯曲($25\ mW/mm^2$，$T=140℃\sim150℃$)，然后冷却；(d) 从 75℃ 烘箱中取出后卷取形状消除；(e) 局部弯曲消除和恢复原始形状，通过 808 nm 的红外激光还原为原始形状($T=140℃\sim150℃$)[81]

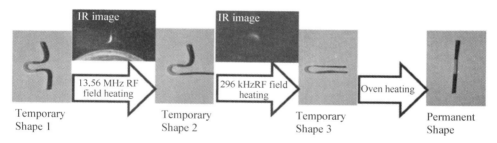

图 1-15 复合物形状回复实验。样品先后在频率为 13.56 MHz 和 296 kHz 的红外场下进行照射。红外图片显示特定区域的选择性加热效果[82]

当预先形变的样品受到 13.56 MHz 的红外照射后，聚合物样品中含有 CNT 的部分被选择性地加热，这导致该区域的聚合物回复了原始形状。接着当样品受到 296 MHz 的红外照射后，样品中含有 Fe_3O_4 的部分被选择性地加热，这导致该区域的聚合物回复原始形状。最后，聚合物在烘箱中经过加热完全回复到原始形状。通过红外与加热等手段，达到回复三种临时形变的效果，展现出精确可控的多形变回复行为[82]。在这种多元复合物中，Fe_3O_4 纳米粒子倾向于团聚在一起,而 CNT 却可以均匀地分散在基体中。纳米粒子的导入并不会降低聚合物的形状记忆性能,但是会导致 T_g 的降低,特别是在有 Fe_3O_4 的情况下。

这种局部改变化学成分的 MSME 在金属螯合超分子中也有报道[83]。但这些研究中,所用外界刺激都不是温度,而是生活中并不常用的红外辐射和 UV 光照,这大大限制了这些 SMP 在生活中的实用性。

另外,许多科学家开始关注形状记忆聚合物(SMPs)在生物医药方面上的应用,这些聚合物能够被压缩到更小、更紧密的临时形状,通过对其加热又能够伸展回原来的形状[84]。Xiong 等[85]报道了一种新型的具有形状记忆功能的聚碳酸酯(PC)与聚乳酸共聚物(PLLCA)和 PLA - co - PLGA(PLLGA)的共混物,SEM 结果表明 PLLCA 与 PLLGA 不相容。拉伸测试结果显示不同 PLLGA 含量表现出不同的力学性能。回弹性随 PLLGA 含量增加而升高,特别是 PLLGA 含量高于 50 wt% 以后。

在 PLA 链段中引入聚酯链段可以改变聚合物的结构,调节其性能,如形变温度和 T_g。另外,近年来聚氨酯工业上引入 PLA 等可降解材料制备的聚氨酯,达到可回收重复利用的聚氨酯中二元醇和二异氰酸酯的目的,借助聚氨酯柔性链段的设计,使 PLA 脆性问题也得到了很大程度的解决。

Jing 等[86]制备了一系列含有 1,4 -丁二醇(BDO)和六亚甲基二异氰酸酯 HDI 的 PLA 基聚氨酯。这些聚合物的 T_g 在 33℃ ~ 53℃,在拉伸形变 150% 后仍然能够几乎完全回复原状。回复温度主要受到 PLA 二元醇 M_n 的影响,而与硬软段比例关系不大。Jing 等[61]报道了三种 PLA 基聚氨酯(PLAU),并研究了其形状记忆效应。这些聚氨酯首先通过丙交酯与丁二醇(BDO)合成 PLA 二元醇,然后分别用 MDI,TDI 和 IPDI 三种扩链剂进行扩链制备。其中,含 MDI 的 PLAU 具有最高的 T_g、拉伸强度和回复力;含 TDI 的 PLAU 具有最低的 T_g,含 IPDI 的 PLAU 具有最高的拉伸模量和断裂伸长率。它们都为非晶态,在拉伸变形 150% 或 2 倍压缩后仍然能够完全回复原状。在室温 20℃时它们能容易地保持临时形变,更重要的是,通过选择合适的硬段和调节硬—软段比例,它们能在 T_g 以下的温度发生形变或回复原状。

1.7 研究意义与研究内容

采用可再生材料替代现有石油基高分子材料是一个能同时解决资源和环境

问题的完美选择。生产可再生塑料,降低人类日益对不可再生资源石油的依赖,成为越来越多研究者和企业者所关心的课题。

作为生物质材料的代表,PLA 来源于可再生的生物质(如木薯、甜高粱、植物纤维素等),可堆肥降解,能被自然界中微生物完全降解,最终生成二氧化碳和水,不污染环境。同时还具有可塑性好,易于加工成型的特点。但是现阶段的 PLA 树脂商品仍存在着性脆、韧性差、质硬且缺乏弹性等缺点。这些缺点限制了 PLA 在许多方面的应用,如在薄膜包装、服饰纤维甚至是在一些对材料力学性能要求略高的通用塑料领域内也难以得到广泛的应用。为克服上述缺点,改善 PLA 材料的柔韧性和弹性以及降低 PLA 聚合物的成本成为一个必要的课题。

另一方面,同为生物质来源的呋喃单体和呋喃聚合物正在成为生物质材料领域中另一个研究的热点。因为其来源——纤维素,为世界上来源最广的天然生物质材料。通过呋喃单体或呋喃化学制备的生物质聚合物与 PLA 基聚合物不同,因其单体的多变性带来的聚合物性能的多变性,赋予各种大分子不同属性,如自修复性、热稳定性、可回收性和形状记忆等许多新颖的功能。甚至类似于石化基聚合物的力学性能,为其实用性打开了具有前景的道路。

本书围绕 PLA 的增韧改性,从直接缩聚、熔融扩链、热稳定性和共混增韧等方面进行了详细的探讨,对呋喃聚合物的力学可控性、自修复性能、形状记忆功能等多方面进行了详细研究,并探索了将呋喃聚合物的高功能性引入 PLA 聚合物中的可能性。这些都有助于拓宽 PLA 和呋喃生物质材料的应用领域,同时将高功能材料与生物质材料结合在一起,为生物质材料的推广也有着重要的积极意义。

第2章
聚乳酸的共聚扩链及性能研究

2.1 前　言

乳酸在无催化剂、常压下缩聚是可逆平衡的慢速反应,因此,最好选择合适的催化剂以加速反应,同时尽量避免副反应的发生。催化剂的加入可以降低乳酸聚合反应的活化能,推动体系向缩聚反应方向进行。当催化剂用量不足时,在一定的反应时间下,反应不充分不能得到较高相对分子质量的预聚物产物;当催化剂用量过多时,由于乳酸容易形成短链分子,也得不到高分子质量的预聚物产物。另外,其催化反应向合成聚合物方向进行的同时,也促进了聚合物的热降解。当热降解速率大于聚合速率时,便导致产物相对分子质量降低。因此,催化剂过多或过少都不利于生成高相对分子质量的聚乳酸。

近年来人们将精力主要集中在聚合催化剂的研究上。配位催化剂制备的聚乳酸具有分子量高、分子量分布窄和副反应少等特点,是一大类优良的催化剂。但配位催化剂有一个无法克服的缺点,即残留在聚合物中的金属离子不可能完全除去,用稀土金属的催化剂能比较好地解决残留金属对人体造成负面影响的问题,但寻找到具有极高活性的稀土催化剂还有待进一步的研究[12-14,88-93]。

传统的用于聚乳酸合成方面的催化剂包括金属有机化合物如锡类、锌类、二价铁、钛系等,其中锡类催化剂被大量文献和学者证实为聚乳酸类化合物最为有效的催化剂,尤其辛酸亚锡的催化活性最高[94-97]。但锡元素含量在聚乳酸中的残留会影响到后续加工中材料的热稳定性,也会对细胞活性产生负面影响,所以尽可能减少聚合物中残留催化剂的量成为研究者们努力的方向,有数据显示,锡元素与乳酸单元的比例应小于 1:10 000,即锡残留量在聚合物中小于 2×10^{-5}[94]。Moon 等[17]通过研究 L-乳酸熔融缩聚,认为聚合初期,体系中羟基和羧基的比例高,反应体系的极性大;随着反应的进行,羟基与羧基缩合为极性小的酯基团,导致反应体系的极性减小;而反应体系极性的改变使得催化剂活性降低。因此,乳酸熔融缩聚采用复合催化剂的效果往往优于单一催化剂。利用质子酸与单一的锡类催化剂进行复配,分别选用硼酸(BA)、马来酸(MPA)和对甲苯磺酸(TSA)与 $SnCl_2 \cdot H_2O$ 进行复配,发现 TSA 的复合效果最好,另外,质子酸的加入还可以很好地解决反应产物的变色问题。Chen[98]等人采用直接缩聚法,以钛酸四丁酯为催化剂,在 180℃聚合 40 h 得到重均分子量 13 万的聚乳酸,基本满足通用塑料的使用分子量。Kricheldorf[99]课题组对锡、锌、铝系有机化合物的催化剂机理进行了详细研究,得出真正的催化剂是金属醇化物,活性种的数量与体系中羟基含量有关,而与锡类等化合物没有明显的关系。

直接熔融缩聚法是指在无溶剂的条件下,乳酸的羟基(—OH)和羧基(—COOH)在减压和高温的条件下通过分子间脱水直接聚合得到聚乳酸。由于反应后期,反应物黏度的上升和生成水难以排出等原因,这种方法制得的聚乳酸分子量通常只有几万,难以具有使用价值。利用二异氰酸酯与聚乳酸预聚物封端羟基的高反应活性,可以通过扩链反应大幅提高聚乳酸的分子量。直接熔融缩聚与扩链联用可以节约成本,实现可以应用于工业化的生产路线[100-104]。将乳酸单体经脱水环化合成丙交酯,然后丙交酯再开环聚合得到聚乳酸的二步法聚合工艺冗长,工艺复杂,特别在丙交酯精制过程中需要多次重结晶,耗费了大量的溶剂,降低了丙交酯的收率,导致聚乳酸价格昂贵,限制了聚乳酸的工业化应用。因此采用工艺简短的直接缩聚法一步合成聚乳酸的研究引起人们的广泛重视[105-116]。

直接熔融缩聚与扩链联用的方法要取得成功的关键在于,扩链前需要通过聚乳酸低聚物与大分子二元醇的共聚将聚乳酸的端羧基转化为羟基,尽量降低端羧基对扩链反应的干扰,使得实际羟基与异氰酸酯基团的比例接近理论值以便控制异氰酸酯基团的添加。

另一方面,热塑性聚氨酯是一种被广泛应用的材料,具有耐磨,柔韧和优异的力学强度。聚氨酯通常通过二异氰酸酯,聚合物二元醇和小分子扩链剂制备。聚氨酯一般由聚合物二元醇组成的软段和异氰酸酯和扩链剂组成的硬段构成[117]。其性能可以通过不同单体之间的组合进行调节[100,118-122]。

将聚氨酯结构引入 PLA 是一个改善 PLA 脆性的有效办法。一些研究者报道了经济有效的改善办法,就是将含有柔软分子链段的 PLA 共聚物与二异氰酸酯进行扩链反应,赋予 PLA 韧性。这些柔软分子链段,如 1,4 - 丁二醇

(BDO)[123-125]，聚(环氧乙烷)(PEO)，脂肪族聚碳酸酯二醇(PCD)[100]，聚(ε-己内酯)[121]，聚(丁二酸丁二醇酯)[126]等。另外，聚四氢呋喃(PTMEG)被广泛用于聚氨酯工业中，由于其链段中醚键使得聚合物具有更好的柔性[117]，此外，醚键相较于亚甲基链具有更好的柔韧性，赋予聚合物分子以更多的构象[127]。将聚氨酯结构引入 PLA 中能为 PLA 增韧改性提供一系列非常有效的方案，带来许多令人期待的力学性能。

本章使用乳酸(LA)与 PTMEG 大分子二元醇直接熔融共聚合成双羟基封端聚乳酸基共聚预聚物(PLAG)，通过 1,6-六亚甲基二异氰酸酯(HDI)对预聚物进行熔融扩链，制备得到分子量较高的，具有使用价值的聚乳酸基热塑性弹性体(PLAE)，并研究预聚物酸值、扩链剂用量等对扩链工艺和扩链产物分子量的影响。应用红外光谱(FTIR)、核磁共振分析(¹H NMR)、差示扫描量热分析(DSC)、热重分析(TG-DTA)、偏光(POM)、力学测试等手段对预聚物及其扩链产物进行分析表征。

2.2 实 验 部 分

2.2.1 原材料与实验设备

本章所用的主要实验原料和实验设备见表 2-1 及表 2-2。

表 2-1 实 验 原 料

名 称	级 别	生 产 厂 家
乳酸(88%)	工业级	荷兰普拉克
1,6-六亚甲基二异氰酸酯(HDI)	工业级	国药集团化学试剂有限公司
聚四氢呋喃(PTMEG)，羟基封端，分子量 2 000，T_g -48.2℃，固态	工业级	韩国 PTG
溴酚蓝指示剂(0.1%)	分析纯	国药集团化学试剂有限公司
邻甲酚	分析纯	国药集团化学试剂有限公司
氯仿	分析纯	国药集团化学试剂有限公司
苯酚	分析纯	国药集团化学试剂有限公司
四氯乙烷	分析纯	国药集团化学试剂有限公司
无水乙醇	分析纯	国药集团化学试剂有限公司

表 2 - 2　实 验 设 备

设 备 名 称	型 号	生 产 厂 家
高真空油泵	2XZ - 4	上海真空泵厂
玻璃聚合装置	—	实验室设计
哈克共混机	Haake Rheomix 600	美国 Thermo Scientific
真空水泵	抽力 1.8 L/s	上海真空泵厂
电子天平	YP20KN	上海精密科学仪器有限公司
真空干燥箱	DZF - 200	上海圣欣科学仪器有限公司
微电脑自动滴定仪	702 SM TITRINO	瑞士 Mefrohm. Ltd 公司
麦氏真空表	PUKE - 2	上海家君真空仪器制造有限公司

2.2.2　实验步骤

2.2.2.1　预聚物(PLAG)的合成

预聚物的合成分为两步：

(1) 为乳酸自聚,在真空 1 000 Pa 和机械搅拌条件下(转速 140 r/min),将 500 g 含水 12 wt% 的乳酸投入反应容器。反应温度从 80℃ 以 10℃/h 的升温速度提高到 165℃,在 110℃ 时添加催化剂(0.05 wt%),这个升温过程中乳酸先去除物理水,接着为分子间脱水,形成乳酸低聚物,整个乳酸自缩聚的反应时间为 12 h。

(2) 为乳酸低聚物与 PTMEG 共聚,将 PTMEG 按一定比例投入乳酸反应容器中,机械搅拌条件下(转速 160 r/min)进一步提高真空度,保持在 60 Pa 左右,165℃ 反应 6 h,最终得到 PLA - PTMEG - PLA 三嵌段预聚物(PLAG),示意图如图 2 - 1 所示。

预聚物的合成过程,首先为乳酸的自聚,形成乳酸低聚物,然后为乳酸低聚物与 PTMEG 的共聚。我们推测,羟基封端分子量为 2 000 的 PTMEG 作为大分子引发剂,在共聚过程中,两侧的羟基不断与乳酸低聚物的羧基进行缩聚反应,这样以 PTMEG 为中心,通过链增长逐渐形成具有一定分子量的 PLA - PTMEG - PLA 三嵌段预聚物。PLA - PTMEG - PLA 中,PTMEG 链段作为软段,PLA 作为硬段,根据性能要求,可以调节 PTMEG/PLA 以满足不同需要。这里设计 PTMEG 的添加量为 10 wt% 和 20 wt%(相对于乳酸添加量)以研究 PTMEG 的添加量对预聚物性能的影响。

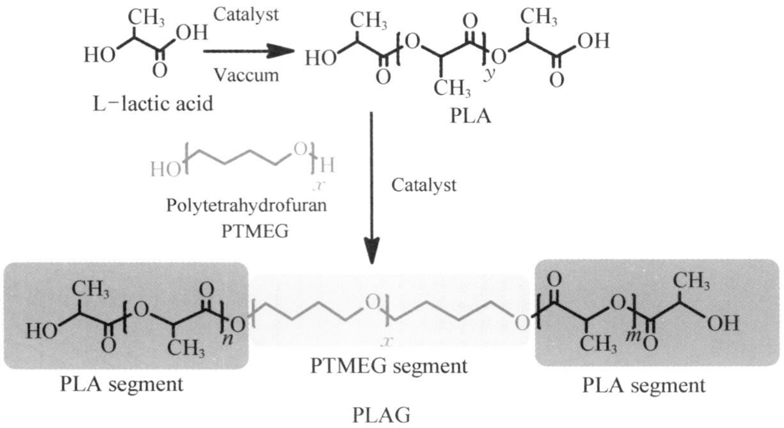

图 2-1　三嵌段预聚物合成示意图

2.2.2.2　熔融扩链制备热塑性弹性体(PLAE)

将 50 g PLAG 加入哈克密炼机(Haake Rheomix 600),在稳定的机械搅拌条件下(转子转速 80 r/min),逐滴加入一定比例的 HDI,反应温度设置在 165℃,反应时间 20 min,得到扩链产物熔体,反应示意图如图 2-2 所示。

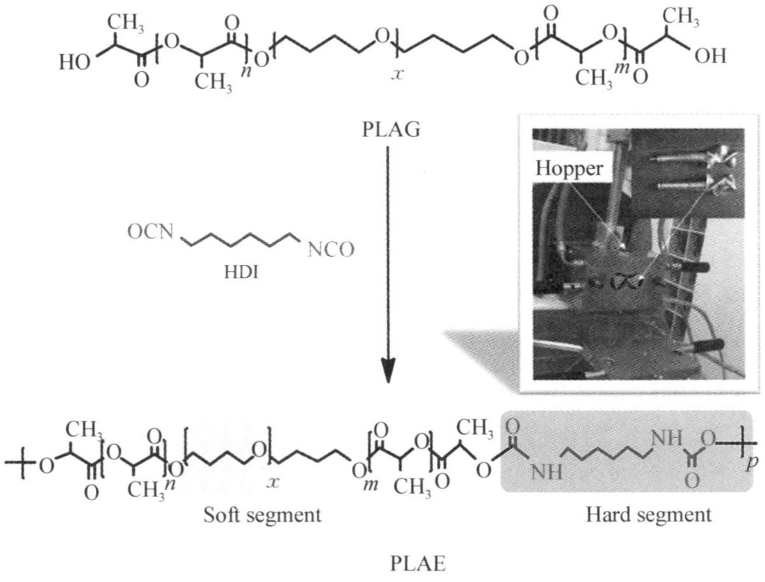

图 2-2　PLAE 合成示意图

2.2.2.3　PLAE 薄膜的制备

反应完成的 PLAE 熔体在室温下自然冷却到将近 50℃时,使用氯仿溶解,之后将溶液倒入培养皿挥发成膜,形成的薄膜最后用于测试。

2.2.3　测试与分析

2.2.3.1　差示扫描量热(DSC)

采用美国 TA 公司的 STA 449C 型差示扫描量热分析仪进行测试。样品被封闭在铝制的小平板锅中。然后样品首先以 10℃/min 的升温速率加热至170℃熔融,保持 5 min 消除热历史,然后快速降温至—50℃,再以 10℃/min 的升温速率加热至 170℃熔融。

PLA 的结晶度(X_c)通过以下的公式得出:

$$X_c = \left[(\Delta H_m - \Delta H_c)/w_f \Delta H_m^o\right] \times 100\% \tag{2-1}$$

因为样品中 PLA 原有的结晶形态决定了样品的力学性能,这里 ΔH_m 和 ΔH_c 为熔融和冷却结晶的焓值;ΔH_m^o 为 PLA 100%结晶时的熔融焓 93.7 J/g[100],w_f 为聚合物中 PLA 的质量分数。

2.2.3.2　核磁共振分析(^{1}H NMR)

采用日本 JEOL 公司 JEOL 的 ECP-500 氢核磁共振谱,使用 15%(wt/v)氘代氯仿做溶剂,测试样品的分子结构。

2.2.3.3　红外光谱分析(FTIR)

采用德国 Bruker 公司的 Bruker EQUINOX55 红外光谱仪,测试样品的分子结构。样品首先溶解在氯仿中,在空气中挥发 2 天,然后放在真空中过夜干燥。完全消除溶剂的影响,得到用于测试的薄膜。

2.2.3.4　特性黏数测试

用 NCY-2 自动乌氏黏度计测试各样品的特性黏数。配制待测溶液:取0.25～0.3 g 样品,于 25 ml 容量瓶中配置溶液,所用溶剂为苯酚与 1,1,2,2-四氯乙烷按照质量比 1:1 配制。温度在 25℃稳定 7 min 后进行测试。所有的测试持续大约 3 min。所得数值为经过 5 次测试的平均值。

聚合物的特性黏度通过 Solomom-ciuta 式(2-2)来确定:

聚乳酸基生物质热塑性弹性体的合成与结构性能研究

$$[\eta] = [2(\eta_{sp} - \ln \eta_r)]^{0.5}/C \qquad (2-2)$$

这里，$\eta_r = \eta/\eta_0$ 和 $\eta_{sp} = \eta_r - 1$，η 和 η_0 分别代表聚合物溶液的黏度和溶剂的黏度[126]。

2.2.3.5　GPC 测试

分子量和分子量分布通过装备有 Waters 差示折射器的 GPC 来测试，聚合物首先溶解在 1～2 mg/ml 的四氢呋喃（THF，分析纯）中，然后 GPC 的柱色谱通过 THF 淋洗。内部和柱色谱的温度保持恒定在 35℃，分子量通过苯乙烯标准物质校对。

2.2.3.6　热失重（TG）

采用耐驰公司 NETZSCH STA 449C 同步热分析，在氮气气氛下测试样品的热分解性能。在所有的热降解中，5 mg 的样品以 10℃/min 的速率从室温加热到 500℃。TG 也被用来决定聚乳酸热塑性弹性体的降解机理。根据 Flynn 和 Wall 的报道[128,129]，加热速率为 10,15,20,25℃/min 的 TG 被用来计算活化能（E_a），计算公式如下：

$$\log \beta + 0.456\,7(E_a/RT) = \text{constant} \qquad (2-3)$$

式中，E_a 为活化能，R 为气体常数（$R = 8.314$ J·K^{-1}·mol^{-1}）。

式（2-3）中，加热速率 β_1，β_2，β_3，…和温度 T_1，T_2，T_3，…在特定的转化率（α）下得到式（2-4）：

$$\log \beta_1 + 0.456\,7(E_a/RT_1) = \log \beta_2 + 0.456\,7(E_a/RT_2)$$
$$= \log \beta_3 + 0.456\,7(E_a/RT_3) \qquad (2-4)$$

$$\alpha = (M_i - M_t)/(M_i - M_f) \qquad (2-5)$$

式中，M_i 为初始质量，M_t 为特定时间和温度下的质量，M_f 为最终的质量。

2.2.3.7　酸值（Acid Value）

酸值用中和 1 g 聚合物所消耗的 KOH 的毫克数来表示。样品溶解在邻甲酚/氯仿（70/30 按重量计算）的溶液中，并用 0.01 摩尔 KOH 的乙醇溶液滴定，以溴酚蓝（0.1%）作为指示剂，使用带有 662 光度计和 728 搅拌器的 702SM TTRINO 微电脑自动滴定仪，测试样品酸值。

— 26 —

2.2.3.8　偏光显微镜(POM)

采用莱卡 DFC320 偏光显微镜。样品加热至 150℃熔融,保持 3 min 消除热历史,然后在热台上以不同的降温速率降温,观察样品结晶过程。

2.2.3.9　交联度测试

采用索氏提取仪测定扩链产物中不溶于氯仿的部分,根据氯仿沸点和环境温度,在设定温度 70℃下加热氯仿,扩链产物试样在抽提过程反复浸泡及抽提,最后剩下的不溶部分即为交联部分,称量剩余不溶部分质量再与原扩链产物试样质量相比,得到扩链产物交联度。

2.2.3.10　力学性能测试

拉伸测试在万能试验机上进行,拉伸速率 50 mm/min。样品尺寸为 10 mm×80 mm×4 mm 的狗骨形试样,测试在室温下进行。冲击测试在冲击实验机下进行(简支梁,摆锤规格 4J),测试条件为室温,冲击测试样品尺寸为 10 mm×10 mm×4 mm。每个拉伸数据测试都重复 7 次以保证数据的可重复性和真实性。

2.2.3.11　扫描电子显微镜(SEM)

扫描电子显微镜(SEM)(Hitachi S‐2360N)被用于观察 PLAE 和 PLA/PLAE 共混物拉伸断面形貌。所有的样品都经过表面喷金以提高图像观察质量。SEM 图像收集在 15 kV 的加速电压下进行。

2.3　结　果　与　讨　论

2.3.1　PLAG 的制备及性能研究

为了通过熔融扩链合成具有良好实用机械性能的 PLAE,PLAG 的制备过程中有两个基本要求:

(1) 具有较低的酸值,即尽量少的残余端羧基;

(2) 具有一定的分子量,以便基于预聚物的扩链所得产物具有一定的分子量。

因为 PLAG 作为下一步熔融扩链反应生成的 PLAE 的基本重复单元,其结构和性能在很大程度上决定了 PLAE 长链分子的性能。在 PLAG 分子中，PTMEG 链段为软段，PLA 为硬段，通过软硬段比例的变化可以调整 PLAE 的性能以满足不同的使用要求。本节研究了 PTMEG 投料量分别为原料乳酸的 10 wt％和20 wt％时的共聚工艺以及所得预聚物的性能。下文中，10 wt％ PTMEG 投料量得到的预聚物简写为 PLAG‐10，20 wt％PTMEG 投料量得到的预聚物简写为 PLAG‐20。

2.3.2　预聚物反应时间和反应温度的研究

2.3.2.1　反应时间与预聚物特性黏数关系

根据缩聚反应机理，大分子二元醇的加入应该有一个最佳时机，应先让乳酸发生自聚，形成乳酸低聚物。随着低聚物链段的增长，低聚物的端羧基活性逐渐降低，当端羧基活性降低到适合与大分子二元醇反应，加入大分子二元醇能达到较好的共聚效果。否则，乳酸低聚物链段太长会导致端羧基活性太低而不与大分子二元醇反应，另外，乳酸低聚物链段太短又导致端羧基活性太大，从而发生自聚不发生共聚。为此我们研究了不同反应时间对 PLAG 黏度和酸值变化的影响。表 2‐3 列出了不同反应时间下 PLAG 特性黏数。

表 2‐3　反应时间对预聚物特性黏数和酸值的影响

二元醇投料比（wt％）	测 试 项 目	反应时间(h)				
		12	14	16	18	22
10％	特性黏数(dl/g)	0.077	0.098	0.122	0.134	0.154
	酸值(mg KOH/g)	54.7	39.0	32.4	18.8	10.3
20％	特性黏数(dl/g)	0.084	0.090	0.120	0.149	0.152
	酸值(mg KOH/g)	25.3	27.7	43.4	11.8	15.9

2.3.2.2　反应时间对预聚物合成的影响

随着反应时间的延长，PLAG‐10 与 PLAG‐20 的特性黏数均逐步提高。这说明，延长反应时间对提高预聚物分子量是有利的。从共聚反应原理来看，预聚物分子量的提高主要是聚乳酸链长的增长，从图 2‐3(a)可以看到，在 18 h 后，PLAG‐20 的分子量基本停止了提高，这可以说明 PTMEG 和聚乳酸已经基本完成了共聚。而对于 PLAG‐10，在第 22 h 仍未表现出黏度停滞增长的趋势，此时其分子量已经

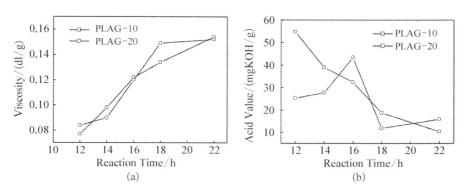

图 2 - 3　PLAG (a) 特性黏数和 (b) 酸值随反应时间的变化

与 PLAG - 20 相当。而聚乳酸均聚物分子量越高,其端羧基反应活性越低,越难与 PTMEG 完全共聚形成羟基封端的共聚物,此时共聚反应接近平衡。因此,18~22 h 得到的 PLAG - 20 比 PLAG - 10 更有利于熔融扩链。

　　酸值是另一个可以表征 PLAG 共聚程度的物理量。酸值反映了体系所含羧基的含量,PTMEG 同聚乳酸的共聚将降低体系的酸值。如图 2 - 3(b) 所示,随着反应时间的延长,PLAG - 10 的酸值逐步降低,这个结果和特性黏数随时间的变化是相互印证的。聚乳酸分子量越高,其羧基含量越低,酸值越低。而 PLAG - 20 的酸值并没有随时间的增加表现出很好的单调性,在第 16 h 出现了反常的酸值提高。这可能是因为,共聚反应初期,PTMEG 的添加导致缩合产生的自由水大量增加;并随着反应时间增加,体系黏度升高,分子运动性降低,导致水分难以排出,一些聚乳酸低聚物来不及进行进一步缩合而发生酯键解离生产更多的羧基。随着反应进行体系中水分排出,反应向正向进行,酸值随之降低。从总的趋势来看,PLAG - 20 仍然是随着反应的进行而下降的。在 18~20 h 期间,PLAG - 20 的酸值出现了明显的大幅下降并达到基本平稳,这也印证了 PTMEG 在此期间确实基本完成了与聚乳酸的共聚。

2.3.2.3　反应温度对预聚物合成的影响

　　反应温度是影响聚合反应的另一个重要参数。一般来说,反应温度越高,分子链活性越强,反应越快,反应程度越高。并且直接缩聚的顺利进行与否,很大程度决定于反应生成的小分子的排除。反应温度的设置应该遵循"前期低温,后期高温"的原则。因为反应前期反应物分子量低,黏度小,小分子如水分子的排出很顺利,低温既能满足反应的进行又可以避免反应物挥发而损失;反应后期体系黏度增加,小分子副产物水较难排出,可能存在微量官能团杂质使增长链封端。所以反应后期升高温度有助于降低体系黏度,从而使小分子能顺利地排出,从而使反应向正方向移动。但温度过高会导致预聚物对水、氧气变得敏感,增大热降解的概率,所以,温度应控制在一定范围内。

表 2‑4　反应温度对预聚物特性黏数和酸值的影响

二元醇投料比（wt%）	测试项目	反应温度（℃）				
		135℃	145℃	155℃	165℃	175℃
10%	特性黏数(dl/g)	0.091	0.095	0.122	0.154	0.160
	酸值(mg KOH/g)	54.70	32.16	32.39	12.41	10.31
20%	特性黏数(dl/g)	0.112	0.117	0.119	0.152	0.130
	酸值(mg KOH/g)	25.30	37.39	43.43	12.43	15.93

从图 2‑4(a)看出,同样的反应时间下,10%预聚物随温度的升高,特性黏数也随着上升,而 20%预聚物特性黏数在 165℃处出现峰值。在 135℃和 145℃时,PLAG‑20 比 PLAG‑10 分子量更高,这可能是由于 PLAG‑20 有更高的PTMEG 投料量和更高的羟基浓度,因此反应速度更快。而到了 155℃和 165℃时,分子链活性极大提高,端羟基浓度的差异可以忽略,因此 PLAG‑10 和PLAG‑20 具有相似的分子量。当反应温度提高为 175℃时,PLAG‑10 的分子量进一步提升而 PLAG‑20 的分子量却比 165℃时明显下降了。这是 PLAG‑20 在基本完成共聚后,其分子链增长反应停滞而在高温下的降解反应加剧造成的。

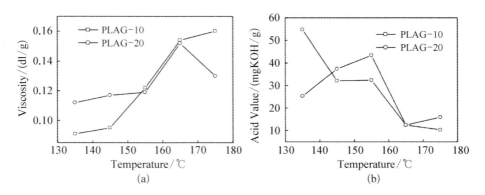

图 2‑4　PLAG(a) 特性黏数和(b) 酸值随反应温度的变化

同样,随着反应温度的提升,预聚物分子量上升的同时酸值也呈现出下降趋势。如图 2-4(b)所示,PLAG-10 的酸值随反应温度的提高下降,PLAG-20 的酸值在高温时的变化印证了其特性黏数的变化规律,而在低温时的酸值却随着温度的提高而提高,与分子量上升酸值下降的规律不符。这也许是由于体系内的短链聚乳酸造成的。在低温时,聚乳酸均聚反应的链增长反应速率不足,此时 PTMEG 与聚乳酸低聚物的共聚反应随着反应温度的提高而加快,共聚反应速率越快则聚乳酸均聚反应越受到抑制,因此带有羧基的聚乳酸短链残留越多,从而造成酸值上升。而到了高温,聚乳酸低聚物转化率得到提高,随着端羧基的含量降低则可以得到更优的共聚预聚物。

2.3.3　PLAG 分子结构分析

图 2-5(c)为 PLA 均聚物同 PLAG-10 和 PLAG-20 的 ^{1}H NMR 图谱,选取化学位移 $2\sim8\times10^{-6}$ 图谱进行对比研究。

如图 2-5(a)所示,在化学位移 $5.10\sim5.25\times10^{-6}$ 内是聚乳酸主链上次甲基氢的对应共振峰,h 峰(1.57×10^{-6})为甲基氢对应的共振峰。4.38×10^{-6} 为 PLA 末端重复链段上次甲基上的氢原子峰,g 峰(4.17×10^{-6})为靠近 PLA 于 PTMEG 形成酯键的 CH_2 上的氢原子。我们还可以看到如图 2-5(b),c 峰(3.42×10^{-6})和 f 峰(1.64×10^{-6})为 PTMEG 链段上氢原子的特征峰。

在图 2-5(c)中,PLAG-20 的 c 峰的积分面积要大于 PLAG-10 的积分面积。这可以解释为嵌段共聚物分子结构的不同,也就是说 PLAG-10 中有相对较长的 PLA 链段。

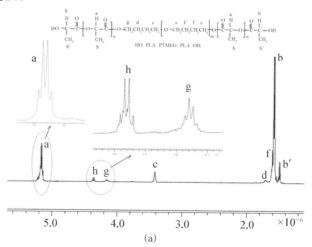

(a)

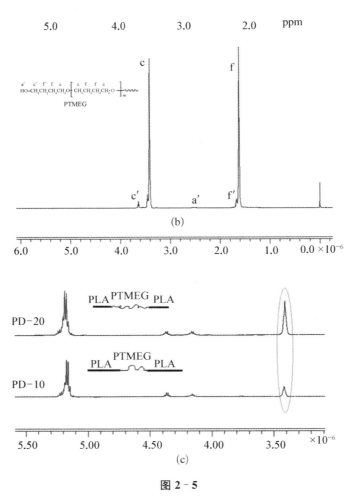

图 2 - 5

(a) PLAG - 10 的[1]H NMR 图;(b) PTMEG 的[1]H NMR 图;(c) PLAG - 10
和 PLAG - 20[1]H NMR 对比图

通过[1]H NMR 图谱可以计算出 PLAG 的分子量和 PLA 与 PTMEG 嵌段比,分别如式(2 - 6)和式(2 - 7)。

$$M_n = \{[2(I_a + I_h)/I_h] + [(I_c + I_g)/2I_h]\} \cdot 72 + 18 \qquad (2-6)$$

$$\text{Mass ratio} = 4(I_a + I_h)/(I_c + I_g) \qquad (2-7)$$

式中,I_a,I_c,I_g,I_h代表 a,c,g 和 h 峰的积分面积,72 是 PLA 和 PTMEG 重复单元分子量,18 是余下部分的分子量。根据公式(2 - 6)得到的分子量与 GPC 所得结果列于表 2 - 5 中。

表 2-5 反应温度对预聚物特性黏数和酸值的影响

Sample	M_n[a]	M_n[b]	M_w[b]	PDI[b]
PLAG-10	2 768	4 700	8 600	1.84
PLAG-20	3 064	5 300	9 800	1.83

[a] ^{1}H NMR 计算所得结果，[b] GPC 所得结果。

　　为了证明 PLA 均聚物与 PTMEG 的共聚过程中，PLA 均聚物是不断加到以 PTMEG 为中心的大分子两端的，我们在共聚过程中不同时间段，15 min，30 min，60 min，120 min，180 min，240 min，300 min 和 600 min 提取样品并分析 PLAG 分子结构随反应的变化。从图 2-6(a)和 2-6(c)可以看出，代表末端 PLA 重复链段上次甲基上的氢原子的 h 峰随着反应的峰的积

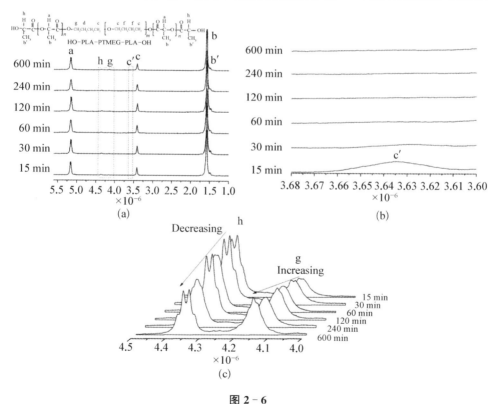

图 2-6

(a) PLAG-10 的[1]H NMR 图；(b) PTMEG 的端基[1]H NMR 图；(c) PLAG-10 酯键和末端基团变化[1]H NMR 图

分面积逐渐降低,说明 PLA 低聚物的含量是随反应逐渐减少,这就证明 PLA 嵌段是不断增长的。而代表 PTMEG 与 PLA 连接处靠近酯键的 CH_2 基团的 g 峰随着反应的进行,积分面积逐渐变大;另外,从图 2-6(b)中可以看出,代表 PTMEG 末端重复链段上 CH_2 的 c′峰随反应进行而减小,60 min 的反应后几乎难以观察到,这些都说明 PLA 低聚物是随反应不断添加到 PTMEG 大分子两端的。

另外,共聚过程中样品的 FTIR 测试也表明(图 2-7),羧基部分的吸收峰随着反应进行从 1 750 cm^{-1} 逐渐移动到 1 755 cm^{-1}。这种吸收峰的变化说明体系中的氢键含量逐渐变少,而氢键的变少正是由于体系中段羟基和端羧基含量的减少造成。这也证明了 PLA 链段在共聚过程中的不断增长。

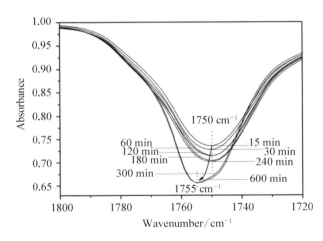

图 2-7　共聚过程中 PLAG-10 取样的 FTIR 图,羧基吸收峰随反应时间发生位移

2.3.4　预聚物的热性能

差示扫描量热(DSC)的分析过程中,将 PLAG-10 和 PLAG-20 先以 10℃/min 的升温速率加热至熔融,保持 5 min 消除热历史,然后快速降温至-50℃,再以 10℃/min 的升温速率加热至熔融。选取消除热历史后的第二次升温扫描曲线,所得数据如表 2-6 所示,扫描曲线如图 2-8 所示。

从表 2-6 可以看到,共聚后的预聚物仍然是半结晶性聚合物。同 PLAG-10 相比,PLAG-20 的熔融温度(T_m)更低,而结晶焓(ΔH_c)和熔融焓(ΔH_m)却更高,结晶温度(T_c)也更低,显示了更快的结晶速度。从结构上看,一方面,PLAG-20

表 2‑6　预聚物 DSC 扫描数据表

Sample	T_g^a /℃	T_c^a /℃	ΔH_c^a /(J·g⁻¹)	T_m^a /℃	ΔH_m^a /(J·g⁻¹)	X_c^b
PLAG‑10	32.7	105.1	20.6	137.7	14.4	47.4%
PLAG‑20	14.5	91.8	22.1	132.8	30.4	32.5%

[a]玻璃化温度(T_g)，熔点(T_m)，熔融焓(ΔH_m)和结晶度(X_c)都由第一次 DSC 循环扫描曲线获得；[b]$X_c = [(\Delta H_m - \Delta H_c)/w_f \Delta H_m^o] \times 100\%$，这里 $\Delta H_{m\text{-PLLA}}$ 为 100%结晶 PLA 的熔融焓，$\Delta H_m^o = 93$ J/g，w_f 为聚合物中 PLA 的质量分数。

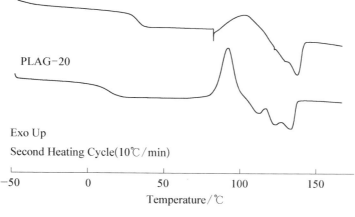

图 2‑8　PLAG 第二次升温扫描 DSC 曲线

具有比 PLAG‑10 比例更高的柔性链段,对聚乳酸链规整性的破坏也更大,形成的晶体不如 PLAG‑10 的完善,因此熔点相对更低;另一反面,柔性链段的增加也起到了降低预聚物 T_g 和增强预聚物分子链的活动能力的作用,相当于内增塑,因此,PLAG‑20 在升温结晶过程中显示了更快的结晶速度和结晶度。从图 2‑8 可以看到,PLAG‑10 和 PLAG‑20 的 DSC 扫描曲线上均只出现一个 T_g,分别为 32.7℃和 14.5℃,介于聚乳酸均聚物(T_g 约为 55℃)和 PTMEG(T_g 约为 −48.2℃)的玻璃化转变温度之间。一个 T_g 的出现说明 PLA 与 PTMEG 链段比较好的相容性,因为部分相容的高分子链段,一般会在两种纯组分的 T_g 之间出现与组分数量对应的几个 T_g。另外,随着 PTMEG 比例的提高,共聚物的玻璃化转变温度下降。PLAG‑20 的玻璃化转变温度已经低于室温,表明其具备了成为热塑性弹性体的可能,因为低于室温的 T_g 有利于获得高伸长率。

2.3.5　预聚物降温结晶行为研究

利用偏光显微镜(POM)在 500 倍的放大倍数下,30℃/min 的升温速度将预聚物样品从室温加热到 150℃熔融,保持 3 min 以消除热力史,然后以 30℃/min 的速度进行降温,观察预聚物样品在降温过程中的结晶情况。分别在 100℃,80℃和 50℃三个温度下截图对比 PLAG‐10 和 PLAG‐20 两种预聚物结晶行为(图 2‐9)。从图 2‐9 可以看到,在降温过程中,PLAG‐10 表现出比 PLAG‐20 更强的结晶性。在 100℃时,PLAG‐20 仅仅出现了很少量的晶核而 PLAG‐10 已经形成了明显的晶体;到了 80℃和 50℃时,PLAG‐10 的晶体密度也高于 PLAG‐20。虽然 50℃时结晶密度已经非常接近,但 PLAG‐10 在降温过程中显示出较快的结晶速度。PLAG 可能的分子结晶过程如图 2‐10 所示。在熔融状态时,PLAG 分子是自由分散且随机分布。当温度逐渐降低,PLA 链段的活动能力降低,由于分子间作用 PLA 链段倾向于聚集在一起,形成以 PLA 链段为主导的结晶过程。

这一结果同 DSC 扫描显示的结果并不一致。由于 POM 观察的是预聚物的降温过程,由于高温下分子的活动性差异不明显,此时分子链 PLA 部分结构的规整性是决定 PLAG 结晶能力的主要因素,因此规整性更高的 PLAG‐10 具有

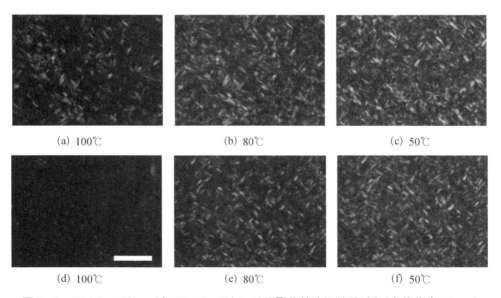

(a) 100℃　　　　　　(b) 80℃　　　　　　(c) 50℃

(d) 100℃　　　　　　(e) 80℃　　　　　　(f) 50℃

图 2‐9　PLAG‐10(a—c)与 PLAG‐20(d—f)预聚物的降温结晶过程(白线代表 20 μm)

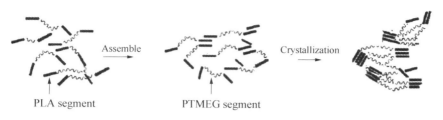

图 2 - 10　PLAG 可能的分子结晶过程示意图

更快的结晶速度和结晶度。而 DSC 观察到的是升温结晶过程,在低温到高温的变化过程中,PLAG - 20 中较长的 PTMEG 链段为其提供了更高的活动能力和更多构象的可能,使其在较低温下分子能够调整自身构象排入晶格。

2.3.6　PLAE 的合成及性能研究

2.3.6.1　扩链反应原理

羟基和异氰酸根具有很高的反应活性,之前已经合成了双羟基封端聚乳酸预聚物 PLAG,使其与双官能团的二异氰酸酯发生扩链反应可以大幅提高分子量,得到具有应用价值的聚乳酸热塑性弹性体(PLAE)。采用直链 1,6 -六亚甲基二异氰酸酯(HDI)为扩链剂,对 PLAG 进行熔融扩链,温度控制在 165℃左右,反应时间控制在 20 min。下文中,PLAG - 10 扩链得到的产物简写为 PLAE - 10,PLAG - 20 扩链得到的产物简写为 PLAE - 20。扩链反应在哈克(Haake Rheomix 600)中进行。

当扩链剂 HDI 中的 NCO 基团与预聚物羟基的摩尔比为 1∶1 时,主要发生扩链反应,此时得到的扩链产物为可溶于氯仿的线形高聚物;当 NCO 基团与预聚物羟基的摩尔比大于 1∶1 时,便可能发生如图 2 - 11 所示的副反应,产生不溶于氯仿的交联产物。这里端羟基的数量通过 GPC 数据计算而得,考虑到 PLAG 中会有少量残留羧基,NCO/OH 的实际添加比要稍微

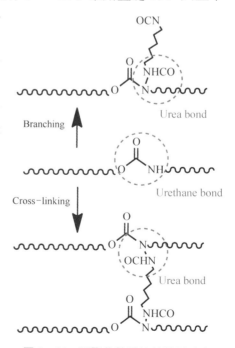

图 2 - 11　预聚物熔融扩链的副反应

大于 1∶1。

2.3.6.2　预聚物的扩链工艺研究

异氰酸根反应活性极高,不仅能与羟基发生反应,还能与羧基发生副反应。因此,控制 PLAG 的酸值,即羧基含量,可以促进预聚物的扩链反应朝着线性增黏的方向进行。

由图 2 - 12 可知,随着 PLAG 酸值的降低,扩链产物的特性黏数迅速上升。当预聚物的酸值较高时,扩链剂均被羧基消耗而无法完成提高分子链的作用。随着酸值的下降,HDI 能避免与羧基的副反应,主要同羟基发生线性增黏反应,从而可以得到较高的分子量。当酸值低于 10 mg KOH/g 后,扩链产物的特性黏数同酸值不再有单调的规律性,而是呈现指数增长,且明显比酸值大于 10 mg KOH/g 时的扩链产物的特性黏数高,最高可达 1.86 dl/g。可见,控制酸值的目的主要是避免羧基对扩链剂的无谓消耗,保证扩链剂同羟基进行单一反应,减少副反应,提高产物分子量。

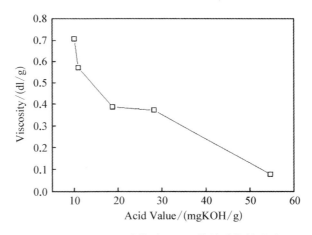

图 2 - 12　PLAG 酸值对 PLAE 特性黏数的影响

除了酸值,对扩链反应影响最大的就是 HDI 的用量。不同 HDI 用量对哈克扭矩变化的影响如图 2 - 13 所示。这里哈克的扭矩变化可以侧面反映出产物的特性黏数和分子量的变化。通过哈克扭矩变化的观察,对帮助我们控制异氰酸根的添加起到关键作用。从图中可以看到,当 NCO/OH 的比例小于 1.2 时,PLAE 的特性黏数提高不多且随着反应的进行反而有下降的现象。这是由于未充分反应的末端基团起到了促进降解的作用。但是当 NCO/OH 的比例超过

1.2 后,PLAE 在哈克中的扭矩陡然提升。当 NCO/OH 的比例为 1.3 时,PLAE 的特性黏数达到 1.2 以上。但是当 NCO/OH 的比例继续提高后,PLAE 出现明显的交联现象,交联副反应开始发生,过量的 NCO 基团与形成的聚氨酯基团反应,在 PLAG 分子间进行架桥或支化生产脲键,形成不溶于四氯甲烷/苯酚溶液的产物,无法进行特性黏数测试。

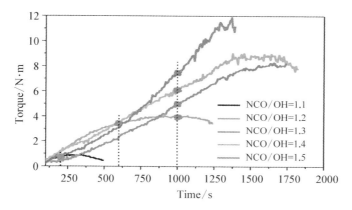

图 2-13　PLAE-20 扭矩随时间和异氰酸酯用量变化

使用索氏提取仪对不同 NCO/OH 比例下的 PLAE 样品进行交联度的测试,结果如表 2-7 所示。可以看到,交联度随着 PLAE 特性黏数的提高而提高,随着 NCO/OH 比例的提升而提高,直至样品大部分不溶于氯仿,无法进行测试。总的来说,NCO/OH=1.2,反应时间控制在 600 s 时得到的产物具有较理想的特性黏数和较低的交联度。

表 2-7　不同 NCO/OH 比例的扩链反应产物的特性黏数,交联度和反应时间

NCO/OH	1	1.1	1.2	1.25	1.3	1.4	1.5
反应时间/s	200	200	600	1 000	1 000	1 000	1 000
特性黏数/(dl/g)[b]	0.519	0.85	1.04	1.16	1.23	1.47	不溶
交联度[a]	0%	0%	0.3%	7.8%	25%	>50%	>99%

[a]PLAE 在交联度测试中,浸没在氯仿中反复被抽提。记过 5 h 以上的抽提后余留下的不溶物即为交联不溶部分。

$$交联度(\%)=(不溶部分重量/起始样品总重量)*100\%$$

[b]不溶部分经过滤除去并用丙酮和四氯甲烷/苯酚溶液混合溶液冲洗。经过确定不溶解部分重量后,可溶部分的浓度被重新计算并通过 Solomon-Ciuta 公式计算特性黏数。

另外,实验中加入的—NCO 的量明显超过理论的添加量,这说明,除了羧基,预聚物中可能还残留有小分子低聚物,这些都会消耗 HDI 但对分子量提高帮助不大。因此,降低酸值和预聚物中的杂质可以降低 HDI 的用量,这对工业化生产降低成本至关重要。另外,设计采用具有更好分散效果的反应设备,将有助于降低交联可能并进一步促进分子量的提高。

2.3.7　PLAE 的 FTIR 分析

图 2-14 为 PLAG-20 与 PLAE-20 的红外图谱对比图(NCO/OH＝1.3)。可以看到,预聚物在 3 500 cm^{-1} 左右的羟基峰在扩链后消失,而扩链后产物在 1 520 cm^{-1} 附近出现了氨酯键的特征吸收峰。这些都说明了扩链反应的成功发生。在 2 200 cm^{-1} 附近没有发现—NCO 的振动吸收峰,另外,3 390 cm^{-1} 处出现较弱的 NH 特征吸收峰,这些都表明 HDI 已经与 PLAG 反应完全。3 390 cm^{-1} 和 1 752 cm^{-1} 代表自由—NH 基团和 C＝O 的吸收带,而在 3 340～3 260 cm^{-1} 和 1 703～1 710 cm^{-1} 附近的氢键束缚的 NH 和 C＝O 基团吸收带已经很难再观察到。

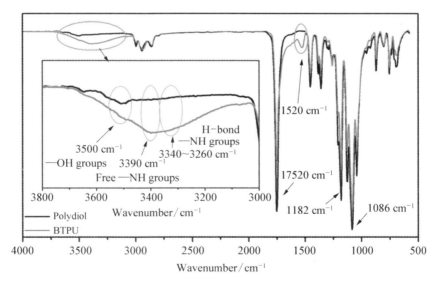

图 2-14　PLAG-20 及扩链产物 PLAE-20 的 FTIR 图谱

2.3.8　PLAE 的核磁分析

从图 2-15 可知,经过扩链反应后,PLAG 位于 4.38×10^{-6} 的 h 峰在扩链后消失,这说明 PLAG 的端羟基已与异氰酸根反应完全。另外,扩链产物在

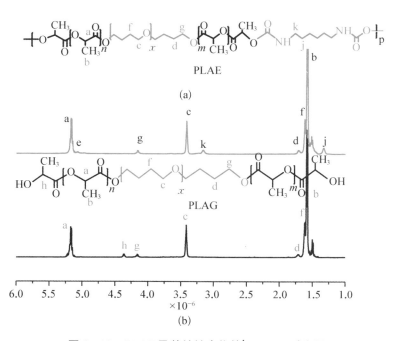

图 2‑15　PLAG 及其扩链产物的^{1}H NMR 对比图

3.16×10^{-6} 出现了两个新的峰 k 峰和 j 峰,这是 HDI 线形链段上—CH_2—的基团峰。核磁图谱的变化表明,预聚物与 HDI 发生了有效的扩链反应。另外 4.98×10^{-6} 处也出现一个新的特征峰,这与氨酯键中的—NH 结构有关。

2.3.9　PLAE 的 POM 分析

利用偏光显微镜(POM)在 500 倍的放大倍数下,30℃/min 的升温速度将预聚物样品从室温加热到 150℃熔融,保持 3 min 以消除热力史,然后以 30℃/min 的速度进行降温,观察预聚物样品在降温到 50℃后保持 30 min 后的结晶情况,如图 2‑16 所示。根据 POM 的结果,推测 PLA 链段具有规整的分子取向,PTMEG 链段具有无规形态。PLAG‑20 因为较长的 PTMEG 链段扰乱了其 PLA 链段的结晶能力。经过 HDI 扩链,PLAE 的分子规整性较 PLAG 进一步受到破坏。从图 2‑16 可以明显看出,由于分子链规整度被进一步破坏,阻碍了分子链的有序排列,HDI 引入的极性基团也有阻碍分子链运动的作用,因此 PLAE‑10 在过冷结晶后只观察到一片尺寸很小的晶体,而分子链规整性更差的 PLAE‑20 则只能观察到更稀疏的晶体。

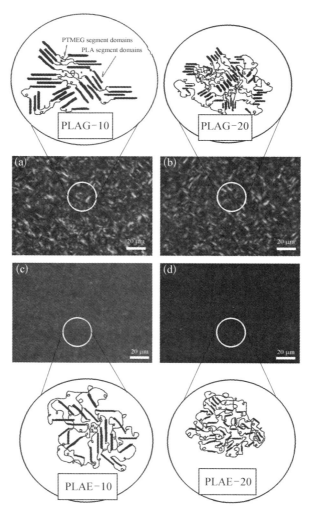

图 2‐16　PLAE 降温结晶过程(降温速率 20℃/min)

2. 3. 10　PLAE 的力学性能

为了研究 PLAE 的宏观力学性能,选择 PLAE‐20 作为力学性能研究对象。将 PLAE‐20 通过注塑制成 GB T1040‐92 和 GB‐T 1043‐93 中规定拉伸和冲击标准样条,进行力学测试,结果如表 2‐8 和图 2‐17 所示。

如表 2‐8 和图 2‐17(a)所示,PLAE‐20 的断裂伸长率达到 342.2%,为聚乳酸均聚物的 100 倍以上;冲击强度为 76.4 kJ/m²,为聚乳酸均聚物的 5 倍以上,有了明显的提高。然而,PLAE‑20 的拉伸强度为 5.7 MPa,仅为聚乳酸均聚物的十分之一。虽然牺牲了强度,但 PTMEG 软段的加入从根本上改善了聚乳酸的脆性,使聚乳酸分子链从刚性转变为柔性。在外力拉伸时,柔性的链段起到内增塑的作用,使聚乳酸分子链沿着外力方向进行充分的调整和取向,从而获得极高的延伸性。而且,柔性的长链具有更高的链缠结密度,在受到外力冲击时能吸收更多的能量,因此具有良好的抗冲击韧性。从拉伸曲线可以看到,样品再伸长率 200% 以后出现应变变硬的现象,这是由于氨酯键之间的二次键,如氢键的形成和 PTMEG 柔软链段的取向等原因造成。通过共聚和 HDI 扩链改性之后,聚合物的拉伸断裂方式从均聚物的硬而脆型转变为弹性体的软而韧型,而且本研究中制备的 PLAE‑20 中含有将近 80 wt% 的 PLA 生物质含量。

表 2‑8　PLAE 与 PLA 的力学性能数据表

样　品	断裂伸长率	拉伸强度（MPa）	冲击强度（kJ/m²）
PLA	3.1%	59.0	14.6
PLAE‑20	342.2%	5.7	76.4

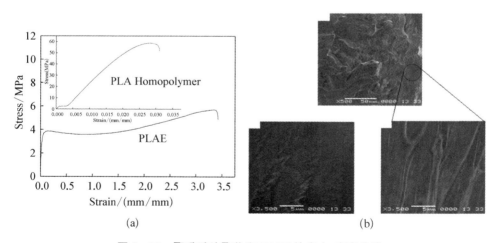

图 2‑17　聚乳酸均聚物和 PLAE 的应力‑应变曲线

通过对拉伸样品断面的 SEM 分析观察,发现未经改性的纯 PLA 样品断面呈现光滑的表面,为脆性断裂。而 PLAE‑20 断面表面呈现出明显的韧性断裂特征,表明凹凸起伏,却并没有明显的分相现象而是均一的断面形貌,如

图 2-17(b)所示。表明 PLA 链段与 PTMEG 链段较好的相容性。

2.3.11 热重分析

图 2-18 是 PLAE 的 TG-DTA 曲线图。从图中可以看到 PLEA 的 TG 曲线有两个明显的转变：第一次失重出现在 275℃ 附近,失重比率都接近各自 PLA 链段所占质量比例,应该是聚乳酸链的分解;第二次失重出现在 400℃ 附近,失重比率在 10%～20%,为 PTMEG 链段的热分解台阶。第一次和第二次失重都分别对应 DTA 上的一个吸热峰。从失重的比例来看,基本吻合 PLAE 中乳酸和 PTMEG 的投料比。而 PLAG 的热分解中,第一个热分解平台开始于 225℃,第二个分解平台同样开始于 400℃ 左右,说明扩链与否对 PTMEG 链段的热分解影响不大,并且 PTMEG 链段的热稳定性要明显好于 PLA 链段。而扩链后 PLA 链段的热分解温度提高了近 50℃,这是由于 PLAE 较长的分子结构的相互缠结,热透过需要更长的时间而且热分解出的小分子更加难以挥发出来。

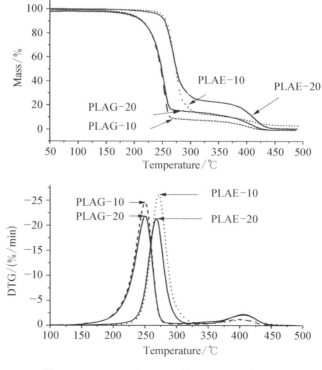

图 2-18　PLAG 和 PLAE 的 TG-DTA 曲线图

另外,更重要的是,扩链大幅度减少了末端基团的数量,这对热稳定性起到非常关键的作用,因为有文献报道残留的末端基团会降低热稳定性。

2.4　PLAE 热稳定性研究

PLA 相对于其他石油基聚酯材料来说,一个明显的缺陷就是热稳定性比较差,在高温下,有水环境和聚合催化剂存在的情况下,极易水解产生环状大分子或者小分子丙交酯、乳酸,更高温度下会发生自由基反应的降解产生乙醛、烯键末端基的大分子、二氧化碳等。这都对加工过程造成了困难。所以人们对聚乳酸的热降解性研究也是 PLA 领域的一个热点问题。

F. D. Kopinke[123]等人研究了 PLA 的热降解机理,PLA 的降解主要分为水解机理和高温裂解机理,其中,在 215℃以下,主要由于水解作用引起的降解,产生大分子环状体或者丙交酯,引起 PLA 分子分子量的大幅度降低,同时引起分散性增加,大于 215℃以上时,主要是端羟基和亚甲基脱去水,形成烯类双键或者乙醛,导致 PLA 的颜色变黄严重,熔体黏度大幅度下降。对 PLA 进行酰化封端后可以提高 PLA 的热稳定性,使热分解温度提高 24℃。O. Wachsen[124]等研究了不同催化剂对 PLA 降解的影响,他们发现催化剂有利于加速正向聚合反应,同时高温下也会反过来加速降解反应。他们研究了 Fe,Sn,Cr,Al 不同金属催化剂对降解的影响作用,得出对降解副反应影响顺序为:Fe>Cr>Al>Sn。Sn 对生成丙交酯有特定的催化作用,并且催化剂的量越多降解作用越明显。John. A. Cicero[125]等人在 PLA 纤维挤出过程中添加磷酸盐和亚磷酸盐对其进行稳定,发现磷酸盐和亚磷酸盐的添加,一方面,可以起到对 PLA 羟基进行封端,另一方面,可以起到一定的扩链作用,一定程度上提高分子。

PLA 及其改性聚合物的热稳定性和热降解行为对于工业化生产是非常重要的,直接关系到产品的制备路线和使用寿命。PLA 的热降解似乎有十分复杂的机理,受到许多因素的影响。如水分、单体的水解和低聚物、分子量和残留金属催化剂等都会对 PLA 热稳定性产生影响。另外,热稳定性还与聚合物的分子结构有关。有研究者发现末端羟基是影响热稳定性的关键因素。降低聚合物中的水分和末端羟基含量能够很显著地提高 PLA 的热稳定性。有研究者用醋酸酐作为封端剂对 PLA 的末端羟基进行封端,结果发现 PLA 的热分解温度提高了 40℃～50℃。PLA 的热降解一般是由随机的链断裂和链末端剪切作用造成,因为重复链段的酯键相对容易水解断裂。随机断链或特殊的链段断链产生的短链的聚合物,其长度随着加热时间线性降低。30 min 内可以观察到 PLA 的显著分子量下降。羟基和羧基的存在会加速 PLA 中酯键的断裂,所以提高分子量减少末端基团数量可以有效提高 PLA 热稳定性。

但是,影响热降解最重要的因素是聚合体系中残留的金属催化剂。盐酸溶液可以用来去除残留于 PLA 中的金属催化剂,元素分析发现去除后的聚合物体系中催化剂含量明显降低。还有研究者研究了不同 Sn(Oct)$_2$ 催化剂含量对 PLA 降解行为影响。发现催化剂浓度显著影响 PLA 降解行为和热稳定性。PLA 基的多嵌段聚合物的热稳定性研究也有报道,第二组分的分子结构,如 Poly ethylene glycol(PEG), Poly ε-caprolactone(PCL) 和 Poly glycolide(PGA)等,研究发现聚合物的热稳定性与单体的碳原子数量有关,PCL 和 PGA 的 PLA 基聚合物的降解速率就比较快。

2.4.1　样品制备

为了研究 PLAE 的热稳定性,我们制备了一系列不含有催化剂的 PLAG 和 PLAE,表示为 0% PLAG 和 0% PLAE。并调整 PTEMG 的添加量(10 wt%～30 wt%),表示为 PLAG‐10,PLAG‐20,PLAG‐30 和对应的 PLAE‐10,PLAE‐20,PLAE‐30。得到的 PLAG 和 PLAE 溶解于氯仿后,再在过量的甲醇中沉淀。得到的产物在室温真空烘箱中烘干至恒重。然后将不含催化剂的 PLAG 与 PTMEG 再次溶解于氯仿中,并混入 0.01 wt%,0.05 wt% 和 0.5 wt% 的催化剂,表示为 0.01% PLAG,0.05% PLAG,0.5% PLAG,0.01% PLAE,0.05% PLAE 和 0.5% PLAE。例如,含有 0.01 wt% 催化剂和 10 wt% PTMEG 链段的 PLAG 表示为 0.01% PLAG‐10。

2.4.2　^{1}H NMR 分子结构分析

PLAG‐10,PLAG‐20,PLAG‐30 的 ^{1}H NMR 图谱如图 2‐19 所示,我们选取 $3.3 \times 10^{-6} \sim 5.3 \times 10^{-6}$ 进行研究。可以看到代表 PTMEG 的特征峰 c 峰积分面积随 PTMEG 添加量的变化而变化,表明它们具有不同的 PLA/PTMEG 链段比例。也就是说 PLAG‐10 具有最长的 PLA 链段,而 PLAG‐30 具有最长的 PTMEG 链段。

样品相应的 ^{1}H NMR 和 GPC 数据列于表 2‐9 中。

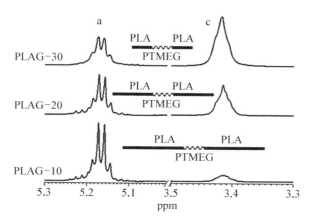

图 2 - 19　PLAG - 10,PLAG - 20,PLAG - 30 的^{1}H NMR 图谱

表 2 - 9　PLAGs 和 PLAEs 的^{1}H NMR,GPC 数据

Sample	M_n [a]	M_n [b]	M_w [b]	PDI[b]	$[\eta]$/dl · g^{-1}	Mass ratio[c]	Catalyst concentration
0.05% PLA	—	6 186	8 845	1.43	0.157	—	0.05 wt%
0% PLAG - 10	4 265	6 217	11 377	1.83	0.184	33.3	0 wt%
0.05% PLAG - 20	4 463	6 330	11 647	1.84	0.188	5.64	0.05 wt%
0.05% PLAG - 30	4 768	6 683	12 430	1.86	0.193	0.87	0.05 wt%
0% PLAE - 10	—	19 898	46 561	2.34	0.93	36.41	0 wt%
0.05% PLAE - 20	—	20 463	50 134	2.45	0.98	7.12	0.05 wt%
0.05% PLAE - 30	—	21 954	57 958	2.64	1.04	0.96	0.05 wt%

[a] 数据通过^{1}H NMR 获得;
[b] 数据通过 GPC 获得。PDI=Poly Dispersity Index;
[c] 数据通过^{1}H NMR 获得,Mass ratio$=n_{PLA}/n_{PTMEG}$。

2.4.3　DSC 分析

影响聚合物玻璃化转变温度的因素主要有以下两个:

(1)化学结构,取代基的极性对分子链的内旋转和分子间的相互作用都会产生很大的影响,侧基极性越强,T_g越高;

(2)分子量,随分子量的增加而增加,特别是当分子量较小时,这种影响更为显著,当分子量超过一定程度以后,T_g随分子量的变化就不明显了。

对比表 2 - 6 和表 2 - 10 可以看出,预聚物经过 HDI 扩链后玻璃化转变温度有所上升,这是由于 HDI 的扩链作用增加了作为硬段的 PLA 链的长度,减少了末端基团数量和体系中的自由体积。HDI 引入的氨酯键极性基团也有可能是 T_g 提高的一个原因。

另外,如表 2 - 10 所示,虽然 PLAE - 10 和 PLAE - 20 的 T_g 相对其预聚物有所提高,但仍然明显低于聚乳酸均聚物的 T_g。而且,PLAE - 20 的 T_g 为 30.1℃,比 PLAE - 10 的 T_g 低 10℃左右,已经很接近室温。可以预见,随着预聚物中软段比例的进一步增加,其扩链所得聚合物会有更低的 T_g,从而在室温下处于高弹态,成为名副其实的聚乳酸弹性体。虽然经过 HDI 扩链,分子链规整性被进一步破坏,但是 PLAE 依然保持了半结晶的性质,如图 2 - 20 所示。同时可以看到,PLAE 的 T_m 相较于 PLAG 的 T_m 有所下降,这是由于 PLAE 的结晶

表 2 - 10　扩链产物 DSC 扫描数据表

Sample	T_g^a (℃)	T_m^b (℃)	ΔH_m^b (J·g^{-1})	X_c^c
PLAE - 10	41.8	122.9	20.5	21.9%
PLAE - 20	30.1	123.2	16.6	17.8%

[a]玻璃化温度(T_g)由第二次 DSC 循环扫描曲线获得,熔点(T_m),熔融焓(ΔH_m)和结晶度(X_c)都由第一次 DSC 循环扫描曲线获得;[b]$X_c = [(\Delta H_m - \Delta H_c)/w_f \Delta H_m^o] \times 100\%$,这里 ΔH_m^o 为 100% 结晶 PLA 的熔融焓,$\Delta H_m^o = 93$ J/g。w_f 为聚合物中 PLA 的质量分数。

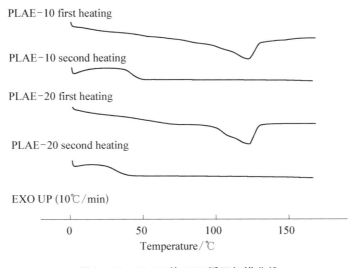

图 2 - 20　PLAE 的 DSC 循环扫描曲线

性能相比 PLA 均聚物或 PLAG 大幅下降,而具有不同软段比例的 PLAE‐10 和 PLAE‐20 在熔点上差别并不明显。PLAE 在消除热历史的第二次升温扫描过程中都没有出现结晶峰和熔融峰。

　　如图 2‐21 和表 2‐11 所示,PLAGs 的熔点大约在 140℃左右,PLAG 的 T_g 比 PLAE 稍微要低一些。这是由于扩链导致的分子量增长降低了链段的末端基团含量,致使自由体积降低。PLAE 的 T_c 移动到较 PLAG 高的数值,由于 PLAE 链长的增长导致链缠结,这也导致 T_g 的增长和分子规整性的降低,从而导致结晶性能的降低。当 PLAG 中 PTMEG 含量增高时,结晶峰逐渐移向较低值移动,说明 PTMEG 的添加其实是有助于 PLA 的结晶的。相关 DSC 数据列于表 2‐11 中。

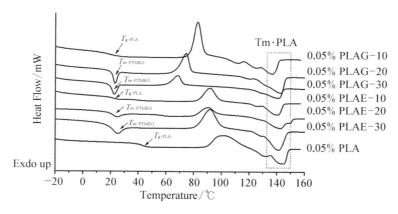

图 2‐21　PLA,PLAG 和 PLAE 的 DSC 曲线

表 2‐11　PLA,PLAGs 和 PLAEs 的 DSC 2nd 扫描数据

Sample	T_g^a/℃	$T_c^{a,e}$/℃	$\Delta H_c^{a,f}$/(J·g^{-1})	T_{m2}^d	ΔH_{m2}^h	X_c^b
0.05% PLA	40.32	101.45	29.85	132.04	33.16	3.56%
0.05% PLAG‐30	19.19	68.53	10.43	141.23	20.25	10.55%
0.05% PLAG‐20	20.89	68.66	11.13	141.13	20.17	9.72%
0.05% PLAG‐10	18.80	82.71	21.95	136.80	27.08	5.52%
0.05% PLAE‐10	22.04	91.91	17.66	140.36	17.86	0.22%
0.05% PLAE‐20	22.15	90.42	8.59	142.80	9.37	0.84%
0.05% PLAE‐30	22.26	91.93	14.43	141.52	15.94	1.62%

[a] 玻璃化温度(T_g),熔点(T_m),熔融焓(ΔH_m)和结晶度(X_c)都由第一次 DSC 循环扫描曲线获得;
[b] $X_c = [(\Delta H_m - \Delta H_c)/w_f \Delta H_m^o] \times 100\%$,这里,$\Delta H_m^o$ 为 100%结晶 PLA 的熔融焓,$\Delta H_m^o = 93$ J/g[100]。

2.4.4　特性黏度随反应温度和催化剂含量的变化

PLAE-10 在哈克密炼过程中特性黏数的变化如图 2-22 所示。密炼分别在不同的温度下进行 10 min,可以看到,密炼温度越高,特性黏数越低。随着密炼时间的增加,特性黏数逐渐降低,表明分子量在密炼过程中的不断下降。从125℃~145℃,经过 10 min 的密炼,0.5% PLAE-10 的特性黏数降低了将近50%。然而,在 150℃下密炼的 0.05% PLAE-10 的特性黏数仅仅降低了8.6%,这表明相对于温度的影响,催化剂含量更明显地影响 PLAE 的热稳定性。

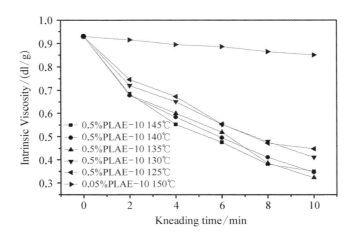

图 2-22　PLAE-10 特性黏数随时间和温度的变化

2.4.5　TG 分析

为了了解 PLAE 的热降解行为,含有不同含量催化剂的 PLAG 被用于热失重的研究中。可以在图 2-23(a)中看到,0.5% PLAG-10 在 150℃~200℃出现热分解,并且没有明显的平台,是一个持续失重过程。在熔融状态,催化剂分散在 PLAG 聚合物基体中,分子链段结晶后催化剂被迫聚集在非晶区域,导致非晶区域的催化剂浓度局部上升。在高温下,热分解首先发生在催化剂浓度高的非晶区域,分子链断链并产生端羟基和端羧基。这些产生的端羟基和端羧基又会加速 PLAG 分子的断裂,生成较短的 PLAG 分子和短 PLA 链段,甚至丙交酯等小分子。这个热降解过程被广泛报道于 PLA 基非晶的均聚和共聚物的热降解行为中,其降解机理普遍认为是丙交酯的成环导致的降解机理。当温度升

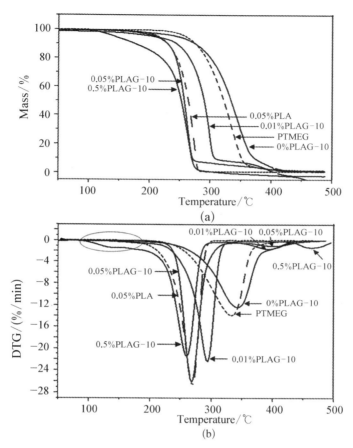

图 2 - 23　不同催化剂含量的 PLAG

（a）TG 分析；（b）DTG 分析

高,小分子从聚合物中挥发出来,因此在 0.5% PLAE - 10 出现了过早的热降解行为。对于 0.01% PLAG - 10 和 0.05% PLAG - 10,直到 250℃ 都没有出现明显的分解平台。对于没有添加催化剂的 PLAG - 10 来说,直到 300℃ 才出现热分解平台,所以可以说减少催化剂用量或 PLAG 体系中催化剂浓度能够很有效地提升 PLAG 热稳定性,这与特性黏数的实验结果一致。从图 2 - 23(b)中也可以看到,最大分解速率(V_{max})整体随着催化剂浓度的上升而上升。但是根据 DTG 结果,0.05% PLAG - 10 的 V_{max} 最大,这可能是由于过高的催化剂浓度,0.5% PLA - 10 在 V_{max} 温度到达之前就已经开始了分解,持续的失重在最大失重温度(T_{max})到来之前就已经造成了明显的热降解,这种持续的失重正由于大量的链断裂生成的小分子所致。而 0.05% PLAG - 10 在第一个热失重平台到来之前的失重非常有限,主要为 PLAG 主链的断裂产生的短 PLAG 或 PLA 分子,仍然具有一定分子量而不宜挥发。而 0% PLAG 中的 PLA 链段的 T_{max} 接近于 PTMEG 链段的 T_{max}。我们也可以看到纯 PTMEG 的 T_{max} 要低于 PLAG 中 PTMEG 链段的 T_{max},这可能是由于 PLAG 的 ABA 三嵌段结构所致,因为 PTMEG 链段两端的 PLA 链段对 PTMEG 在热分解过程有着一定的保护作用。

另外,如之前提到的,我们可以看到 PLAG 的热失重总的可以分为两个阶段,第一个相对低温的失重平台为 PLA 链段失重平台,而第二个相对高温的热失重平台为 PTMEG 链段的失重平台。为进一步证实这个结论,对 PTMEG 含量不同的 PLAG 进行了热重分析,如图 2 - 24 所示。

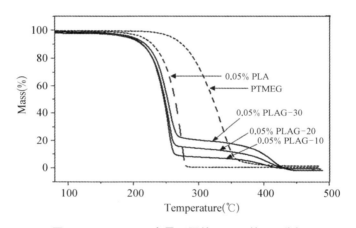

图 2 - 24 PTMEG 含量不同的 PLAG 的 TG 分析

图 2 - 24 中可以清楚看到,第二个失重平台的失重率确实随着 PTMEG 含量的增加而增加,并且失重比率接近投料比。另外,纯 PTMEG 的热失重平台相比 0.05% PLAG 的失重平台要高出将近 50℃,表明 PTMEG 链段具有较 PLA 链段好的热稳定性,这也可以通过图 2 - 23(b) 的 DTG 结果中得出,PTMEG 的 V_{max} 在 400℃ 左右。文献中也有报道 PLA/PEG 的 4 000 分子量共聚物中,PEG 链段具有优于 PLA 链段的热稳定性[130]。也可以看到纯 PLA 具有比含相同催化剂含量的 PLAG 稍高的热分解起始温度,这可能是由于 PTMEG 柔软链段使 Sn 催化剂在 PLAG 中具有更好的活动性的原因。

含有不同 PTMEG 含量的 PLAG 和 PLAE 的热失重图如图 2 - 25 所示。从 TG 和 DTG 的数据图中都可以看出,所有 PLAE 的起始热失重平台要明显高于 PLAG 的起始热失重平台。正如之前提到的,增长链段的缠结,热透过时

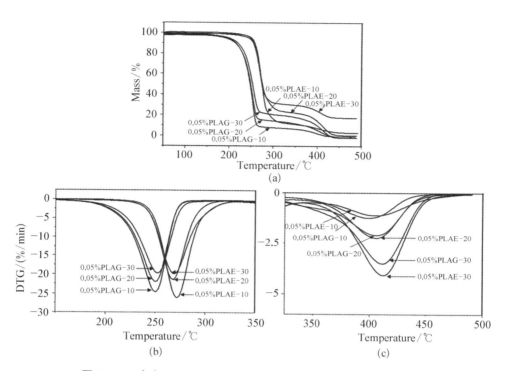

图 2-25　含有不同 PTMEG 含量的 PLAG 和 PLAE 的热失重分析

间的增加,端基数量的减少都是 PLAE 较 PLAG 热稳定性提高的原因。PLA 链段的 V_{max} 随着 PTMEG 链段含量的升高而降低,相反,PTMEG 链段的 V_{max} 随着 PTMEG 链段含量的升高而升高,如图 2-25(b)所示。根据[1]H NMR 和 GPC 结果得知,PLAG-30 具有 PLAG 中最短的 PLA 链段,拥有较短 PLA 链段的 PLAG 和 PLAE 都具有较低的 PLA 链段 V_{max} 值,如图 2-25(b)和 2-25 (c)所示。说明 PLA 链段和 PTMEG 链段的 V_{max} 都受到 PLA 链段长度的影响。

　　在哈克密炼的过程中,在 140℃ 温度条件下,0.5% PLAE-10 样品经过每 2 min 的定时取样,被用于[1]H NMR 来观测分子结构变化。如图 2-26(a)中所示,代表 PTMEG 结构的 c 峰和代表 HDI 上 CH_2 基团的 k 峰积分面积几乎没有变化。而代表 PLA 末端基团次甲基机构的 h 峰随着密炼的进行,积分面积逐渐增高,而在密炼起初,h 峰几乎难以观察到,图 2-26(b)。这表明,在密炼过程中,0.5%PLAE-10 中端羟基不断生成,导致其分子量降低。代表末端 PLA 重复单元次甲基的 h 峰和 PLA 重复单元次甲基的 a 峰的积分面积变化数据列于表 2-12 中,并且其酸值和特性黏数也一并列出。

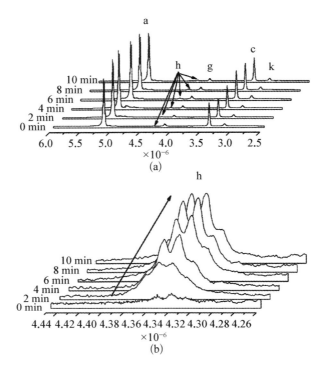

图 2 - 26 哈克密炼的过程中分子结构变化

表 2 - 12 ^{1}H NMR 中相应峰的积分值,样品酸值和特性黏度变化

Kneading time/min	Integration of PLA repeat unit[a]	Integration of PLA end unit[a]	Acid Value /mol t^{-1}	Intrinsic viscosity /dl · g^{-1}
0	14. 073 83	0. 081 51	28. 21	0. 900 12
2	13. 739 89	0. 240 39	46. 56	0. 678 16
4	13. 593 14	0. 261 72	58. 32	0. 583 77
6	13. 406 24	0. 281 94	72. 99	0. 495 29
8	13. 244 50	0. 288 90	98. 52	0. 411 52
10	13. 189 40	0. 327 09	122. 37	0. 346 42

[a]吸收峰 k 作为密炼过程中不变的参考峰,峰 a 为 PLA 重复链段的积分,峰 h 为 PLA 末端链段的积分。

可以看到,代表末端 PLA 重复单元次甲基的 h 峰的积分面积随时间不断上升,虽然代表 PLA 重复单元上次甲基结构的 a 峰积分面积只有轻微的下降,但说明一部分的链段中的重复单元转化为末端重复单元,而这部分的转化可能造成非常明显的分子量下降。另外,酸值在这个过程中明显上升,并且特性黏数下降了将近 2/3,可见这个过程中生成大量端羟基和端羧基,分子量明显下降。

具有不同催化剂含量的 PLAE - 10 的热失重图如图 2 - 27 所示,从图中可以看到 0.5% PLAE - 10 具有 3 个热失重平台。第一个热失重平台在 130℃～180℃之间,失重率大致为 10%;第二个失重平台在 260℃～300℃,失重率在 80%。而 PTMEG 链段的失重在 300℃～400℃,这个平台不如其他催化剂含量 PLAE 的明显。这可能是由于 0.5% PLAE - 10 中 PLA 链段过早的降解挥发,导致余下分子链段变短,而且 PLAE - 10 中 PTMEG 链段也较短易于挥发。对于催化剂含量较低的 PLAE,热分解开始温度也较高,这与 PLAG 热失重观察到的现象一致。

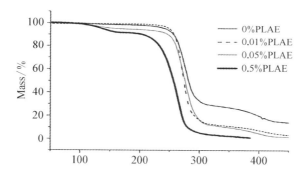

图 2 - 27　具有不同催化剂含量的 PLAE - 10 的热失重分析

2.4.6　热降解活化能

热失重降解机理基于活化能在特定的失重率(α)下是一个固定不变的常数。所以,通过计算不同加热速率的对数 $\text{Log}\,\beta$ 和绝对温度的倒数 $1/T$ 并作图,连接不同加热速率下的数据点可以得到每个特定 α 下的一系列直线图,活化能 E_a 便可通过计算直线的斜率得到。从直线斜率的计算可以知道,E_a 在整个热降解过程中是不断变化的,表明了不同的降解机理或方式。同时,可以看到,通过计算 0.05% PLAE - 10,0.05% PLAE - 20 和 0.05% PLAE - 30 的 $\text{Log}\,\beta$ 和 $1/T$,它们都得到几乎平行的直线,如图 2 - 28 所示。图中可以看到,PLAE - 20 和 PLAE - 30 的直线向左移动因为较高的 PTMEG 含量。

PLAE 不同 α 下的 E_a 如图 2 - 29 所示,E_a 通过 Flyne-Walle-Ozawa 法计算。对于 0.05% PLAE 的 E_a 随 α 的变化可以分为 3 个不同区域。在 α 到达 30% 之前,E_a 都是持续增长的;在第二个区域,也就是 30%＜α＜60%～80% 时,E_a 表现

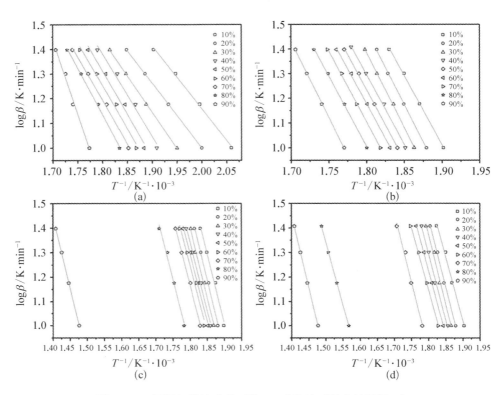

图 2 - 28　不同加热速率的对数 **Log β** 和绝对温度的倒数 **1/T**

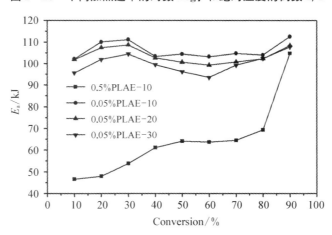

图 2 - 29　通过 **Flyne-Walle-Ozawa** 法计算的不同转化率下的 E_a

为单调下降；在第三个区域，$60\% \sim 80\% < \alpha < 90\%$，$E_a$ 可以被认为是大致不变的。从图中也可以看出，E_a 随着 PTMEG 含量的增加而增加，这是由于 PLAE -

20 和 PLAE‐30 比较柔软的分子结构和较短的 PLA 链段,增加了 Sn 催化剂在 PLAE 中的活动能力。在第一区域中,聚合物体系中原有的短 PLAG 分子逐渐挥发,减少了端羟基和端羧基含量,导致 E_a 相应上升。然后,随着温度上升,端羟基和端羧基又继续生成,导致降解变得易于发生,E_a 开始下降。对于 0.5% PLAE‐10,E_a 在第一区域($\alpha<40\%$)持续上升,然后保持持平在第二区域($40\%<\alpha<80\%$),最后陡然上升。这是由于 PLA 组分已经过早分解完成,PTMEG 组分开始分解所致。通过测量 E_a 在热降解过程中的变化,获得 PLAE 中两种不同组分的降解方式的信息,这对 PLAE 的分子设计中热稳定性改良有重要帮助。PLAE 的 E_a 随催化剂用量的降低有明显的上升,0.05% PLAE 的 E_a 数值在 110 kJ/mol,与文献中报读数值接近[131]。然而 0.5% PLAE 的 E_a 数值在 10%～80% 的失重率中只有 70kJ/mol。

2.5　本　章　小　结

本章首先采用直接熔融缩聚工艺制备了双羟基聚乳酸共聚预聚物,研究了反应时间和反应温度对预聚物特性黏数和酸值的影响,表征了预聚物的微观结构和热性能,并观察了预聚物的降温结晶性。然后以 HDI 为扩链剂,采取熔融扩链工艺对预聚物进行扩链,研究了预聚物酸值和 HDI 用量对扩链反应和扩链产物特性黏数的影响,表征了扩链产物的微观结构、热性能、结晶性能、热分解性及力学性能。结果表明:

(1) 采用直接熔融缩聚法合成预聚物,预聚物的特性黏数随反应时间的延长和反应温度的提高而提高,而酸值则呈下降的趋势。

(2) 红外光谱和核磁共振结果表明所得预聚物为聚乳酸的共聚物 PLAG。

(3) DSC 扫描结果表明,预聚物为半结晶聚合物,在升温过程中 PLAG‐20 比 PLAG‐10 结晶速度更快,结晶度也更高;DSC 曲线上只有一个 T_g 也表明预聚物为共聚物而非共混物。

(4) 采用偏光显微镜(POM)观察预聚物的降温结晶,结果显示 PLAG‐10 比 PLAG‐20 结晶速度更快,结晶性更强。

(5) 以 HDI 为扩链剂,采用熔融扩链工艺可以大幅提高预聚物的分子量。预聚物酸值越低,所得 PLAE 特性黏数越高。当 NCO/OH 比例小于 1.2,PLAE 的特性黏数提升不明显,当 NCO/OH 比例大于 1.2 时,PLAE 的特性黏数迅速大幅提升,继续增加 NCO/OH 比例,则会造成凝胶含量急剧上升。

(6) DSC 扫描和 POM 观察结果表明,PLAE 仍然为半结晶聚合物,结晶性能比预聚物大大下降;PLAE‐10 比 PLAE‐20 结晶性略强,PLAE‐20 的 T_g 已经接近室温,可望作为热塑性弹性体使用。

(7) PLAE 的热分解情况为:首先在 260℃ 附近是聚乳酸链段的分解,然后在 330℃ 附近为 PG 链段的分解。

(8) PLAE 的断裂伸长率为 PLA 均聚物的 100 倍以上,冲击强度 5 倍以上,但是拉伸强度仅为 PLA 酸均聚物的十分之一。PLA 均聚物的拉伸断裂方式为硬而脆型,PLAE 则转变为类似弹性体的软而韧型。

(9) PLAG 和 PLAE 的热稳定性明显受到体系中残余 Sn 催化剂量的影响。未添加催化剂的聚合物体系比添加 0.5 wt% 催化剂体系的热失重起始温度要高出 100℃ 左右。降低体系中 Sn 催化剂含量有助于增高 PLAG 的热稳定性。

(10) 通过 ^{1}H NMR,FTIR 和 TG 分析发现,具有羟基和羧基的短链分子也能够明显影响 PLAE 的热稳定性。

(11) 通过 Flyne‐Walle‐Ozawa 法计算得到的活化能 E_a 发现,E_a 随催化剂用量的降低有明显的上升。0.05% PLAE 的 E_a 数值在 20%~30% 的失重率中达到 110 kJ/mol,且整体高于 100 kJ/mol,对于 0.5% PLAE 的 E_a 数值在 10%~80% 的失重率中都不足 70 kJ/mol。

另外,PLAE 中的 PTMEG 链段倾向于增加 Sn 催化剂的运动性,活化能 E_a 有随着 PTMEG 增加而降低的趋势。

聚乳酸基热塑性弹性体及其共混增韧聚乳酸研究

3.1 前 言

由于 PLAE 具有优异的力学性能,具有高伸长率、韧性断裂等特征,很大程度上克服了 PLA 的脆性等不足。因为 PLAE 具有氨酯键,具有聚氨酯的分子结构。我们知道,聚氨酯弹性体具有很好的抗拉强度、抗撕裂强度、耐冲击性、耐磨性、耐候性、耐水解性、耐油性等优点,主要用作涂覆材料(如软管、垫圈、轮带、辊筒、齿轮、管道等的保护)、绝缘体、鞋底以及实心轮胎等方面。为了进一步提升 PLAE 的性能,充分利用聚氨酯的优异性能,引入小分子二元醇作为副扩链剂进一步扩链。这有望进一步提升 PLAE 的分子量。

在聚氨酯弹性体的合成中,扩链剂是指链增长反应必不可少的二元醇类和二元胺类化合物;而扩链交联剂指的是既参与链增长反应,又能在链节间形成交联点的化合物,一般低分子质量的脂肪族二元醇和芳香族二元醇都可以作为扩链剂,脂肪族二元醇有乙二醇、丁二醇和己二醇等。其中,最重要的是 1,4 - 丁二醇(BDO),在制备热塑性聚氨酯时用得最多,它不仅起扩链作用,还可调整制品硬度。另外,直接缩聚中添加的锡类催化剂有助于扩链,因为有机锡类催化剂通常催化—HO 和—NCO 反应过程,可避免—OH 的副反应,该类催化剂除提高总的反应速率外,还能使高分子质量多元醇与低分子质量多元醇的反应活性趋于一致,从而使制得的预聚物具有较窄的分子质量分布[127,132,133]。

本章研究中,PLA 与 PLA 基热塑性新型弹性体 PLAE100 按不同比例进行共混。基于 PLAE100 源于 PLA,可以推测 PLA 与 PLAE100 具有优良的相容性,制备得到的共混物具有优良的力学性能并保持高百分比含量生物质原料组分。为此,研究中,DSC 测试被用来测试共混聚合物的热学性能,动态力学分析(DMA)分析共混物的热力学性能,原子力显微镜(AFM)和扫描电子显微镜(SEM)用来观察样品断面围观形貌。

3.2 实验部分

3.2.1 原材料与实验设备

本章所用的主要实验原料和实验设备见表 3-1 及表 3-2。

表 3-1 实验原料

名 称	级 别	生 产 厂 家
乳酸(88%)	工业级	荷兰普拉克
1,6-六亚甲基二异氰酸酯(HDI)	工业级	国药集团化学试剂有限公司
1,4-丁二醇(BDO)	工业级	国药集团化学试剂有限公司
聚四氢呋喃(PTMEG),羟基封端,分子量2 000,T_g —48.2℃,固态	工业级	韩国 PTG
聚乳酸(2002D)	工业级	美国 Natureworks
溴酚蓝指示剂(0.1%)	分析纯	国药集团化学试剂有限公司
邻甲酚	分析纯	国药集团化学试剂有限公司
氯仿	分析纯	国药集团化学试剂有限公司
苯酚	分析纯	国药集团化学试剂有限公司
四氯乙烷	分析纯	国药集团化学试剂有限公司
无水乙醇	分析纯	国药集团化学试剂有限公司

表 3-2 实验设备

设 备 名 称	型 号	生 产 厂 家
高真空油泵	2XZ-4	上海真空泵厂
玻璃聚合装置	—	实验室设计
迷你注塑机	XXX	美国 Thermo Scientific
哈克共混机	Haake Rheomix 600	美国 Thermo Scientific

续　表

设　备　名　称	型　　号	生　产　厂　家
真空水泵	抽力 1.8 L/s	上海真空泵厂
电子天平	YP20KN	上海精密科学仪器有限公司
真空干燥箱	DZF - 200	上海圣欣科学仪器有限公司
微电脑自动滴定仪	702 SM TITRINO	瑞士 Mefrohm. Ltd 公司
麦氏真空表	PUKE - 2	上海家君真空仪器制造有限公司

3.2.2　实验步骤

3.2.2.1　预聚物(PLAG)的合成

预聚物的合成分为两步:

(1) 乳酸自聚,在真空 1 000 Pa 和机械搅拌条件下(转速 140 r/min),将 500 g 含水 12%的乳酸投入反应容器。反应温度从 80℃以 10℃/h 的升温速度提高到 165℃,在 110℃时添加催化剂(0.05 wt%),这个升温过程中乳酸先去除物理水,接着为分子间脱水,形成乳酸低聚物,整个乳酸自缩聚的反应时间为 12 h。

(2) 将 PTMEG 按一定比例投入乳酸反应容器中,机械搅拌条件下(转速 160 r/min)进一步提高真空度,保持在 60 Pa 左右,165℃反应 6 h,最终得到 PLAG,示意图见图 3 - 1。

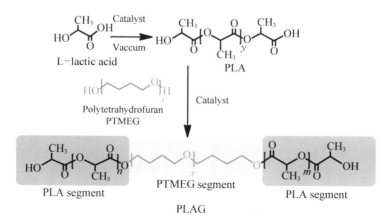

图 3 - 1　PLAG 的制备

3.2.2.2 熔融扩链制备新型热塑性弹性体(PLAE100)

将 50 g PLAG 加入哈克密炼机(Haake Rheomix 600),在稳定的机械搅拌条件下(转子转速 80 r/min),逐滴加入一定比例的 HDI,待 HDI 与 PLAG 充分反应 5 min,逐滴加入丁二醇(BDO)(HDI/BDO 摩尔比=3∶2),反应温度设置在 165℃,反应时间 20 min,得到扩链产物熔体,反应示意图如图 3-2 所示。

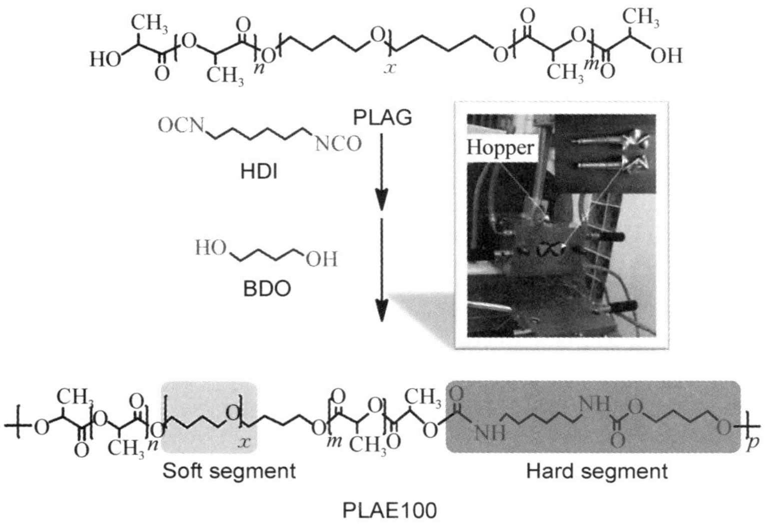

图 3-2　PLAE100 的制备示意图

3.2.2.3 PLAE100 与 PLA 共混物的制备

共混在 165℃的温度下进行,先预均匀混合的 PLAE100 与 PLA(2002D)按一定比例投入哈克密炼机,转子转速 80 r/min,共混时间 3 min。得到的共混物经过真空烘箱在室温下烘干并用于测试。样品的共混比和样品名称列于表 3-3 中。

表 3-3　样品共混比及名称

Samples	PLAE100	PLAE80	PLAE70	PLAE60	PLAE50	PLAE40	PLAE30	PLAE20	PLAE10
PLAE /wt	100%	80%	70%	60%	50%	40%	30%	20%	10%
PLA /wt	0%	20%	30%	40%	50%	60%	70%	80%	90%

3.2.3　测试与分析

3.2.3.1　差示扫描量热(DSC)

采用美国 TA 公司的 STA 449C 型差示扫描量热分析仪进行测试。样品首先以 10℃/min 的升温速率加热至 180℃ 熔融,保持 5 min 消除热历史,然后快速降温至 −90℃,再以 10℃/min 的升温速率加热至 180℃ 熔融。PLA 的结晶度(X_c)通过以下的公式得出:

$$X_c = \left[(\Delta H_m - \Delta H_c)/w_f \Delta H_m^\circ\right] \times 100\% \tag{3-1}$$

因为样品中 PLA 原有的结晶形态决定了样品的力学性能,这里 ΔH_m 和 ΔH_c 为熔融和冷却结晶的焓值,ΔH_m° 为 PLA100% 结晶时的熔融焓 93.7 J/g[134],w_f 为聚合物中 PLA 的质量分数。

3.2.3.2　核磁共振分析(¹H NMR)

采用日本 JEOL 公司 JEOL 的 ECP‑500 氢核磁共振谱,使用 15%(wt/v)氘代氯仿做溶剂,测试样品的分子结构。

3.2.3.3　红外光谱分析(FTIR)

采用德国 Bruker 公司的 Bruker EQUINOX55 红外光谱仪,测试样品的分子结构。样品首先溶解在氯仿中,在空气中挥发 2 天,然后放在真空中过夜干燥。完全消除溶剂的影响,得到用于测试的薄膜。

3.2.3.4　特性黏数测试

用 NCY‑2 自动乌氏黏度计测试各样品的特性黏数。配制待测溶液:取 0.25~0.3 g 样品,于 25 mL 容量瓶中配置溶液,所用溶剂为苯酚与 1,1,2,2‑四氯乙烷按照质量比 1:1 配制。温度在 25℃ 稳定 7 min 后进行测试。所有的测试持续大约 3 min。所得数值为经过 5 次测试的平均值。

聚合物的特性黏度通过 Solomom-ciuta 公式(3-2)来确定:

$$[\eta] = [2(\eta_{sp} - \ln \eta_r)]^{0.5}/C \tag{3-2}$$

式中,$\eta_r = \eta/\eta_0$, $\eta_{sp} = \eta_r - 1$,η 和 η_0 分别代表聚合物溶液的黏度和溶剂的黏度[126]。

3.2.3.5 GPC 测试

分子量和分子量分布通过装备有 Waters 差示折射器的 GPC 来测试，聚合物首先溶解在 1～2 mg/mL 的四氢呋喃(THF,分析纯)中，然后 GPC 的柱色谱通过 THF 淋洗。内部和柱色谱的温度保持恒定在 35℃,分子量通过苯乙烯标准物质校对。

3.2.3.6 热失重(TG)

采用耐驰公司 NETZSCH STA 449C 同步热分析，在氮气气氛下测试样品的热分解性能。在所有的热降解中，5 mg 的样品以 10℃/min 的速率从室温加热到 500℃。

3.2.3.7 酸值(Acid Value)

酸值用中和 1 g 聚合物所消耗的 KOH 的毫克数来表示。样品溶解在邻甲酚/氯仿(70/30 按重量计算)的溶液中，并用 0.01 mol KOH 的乙醇溶液滴定，以溴酚蓝(0.1%)作为指示剂，使用带有 662 光度计和 728 搅拌器的 702SM TTRINO 微电脑自动滴定仪，测试样品酸值。

3.2.3.8 偏光显微镜(POM)

采用莱卡 DFC320 偏光显微镜。样品加热至熔融，保持 3 min 消除热历史，然后在热台上以不同的降温速率降温，观察样品结晶过程。

3.2.3.9 交联度测试

采用索氏提取仪测定扩链产物中不溶于氯仿的部分，根据氯仿沸点和环境温度，在设定温度 70℃下加热氯仿，扩链产物试样在抽提过程反复浸泡及抽提，最后剩下的不溶部分即为交联部分，称量剩余不溶部分质量再与原扩链产物试样质量相比，得到扩链产物交联度。

3.2.3.10 力学性能测试

拉伸测试在万能试验机上进行，拉伸速率 50 mm/min。样品尺寸为 10 mm×80 mm×4 mm 的狗骨形试样，测试在室温下进行。冲击测试在冲击实验机下进行(简支梁，摆锤规格 4J)，测试条件为室温，冲击测试样品尺寸为 10 mm×10 mm×4 mm。每个拉伸数据测试都重复 7 次以保证数据的可重复性和真实性。

3.2.3.11　扫描电子显微镜(SEM)

扫描电子显微镜(SEM)(Hitachi S - 2360N)被用于观察 PLAE100 和 PLA/PLAE 共混物拉伸断面形貌。所有的样品都经过表面喷金以提高图像观察质量。SEM 图像收集在 15 kV 的加速电压下进行。

3.2.3.12　原子力显微镜(AFM)

样品在室温下通过 LeicaEMUC6 超薄切片机,被制备成约 70 nm 厚的超薄薄片,以用于进行 AFM 的观测。

3.2.3.13　动态力学分析(DMA)

共混物的动态力学性能通过 DMA Q800 (TA Instruments)测量,单悬臂式模式,振荡频率为 1 Hz。测试温度以 3℃/min 的速度,从 10℃到 120℃,振荡幅度为 5.0 μm。

3.3　结　果　与　讨　论

制备所得的 PLAG 和 PLAE100 的化学结构经过[1]H NMR 证实,见图 3 - 3,PLAG 和 PLAE 的结构在前章已经详细讨论过,这里不再讨论。与 PLAE 不同的是,PLAE100 的结构中多了 BDO 的结构,并且可以从[1]H NMR 图谱中看到,4.07×10^{-6} 处可以观察到 PLAE 图谱中没有的新分子结构,并从化学位移推断,属于 BDO 上邻近酯键的 CH_2 结构。因此通过[1]H NMR 证实了 PLAE100 的分子结构,相关分子量等数据列于表 3 - 4 中。

表 3 - 4　PLAG 和 PLAE100 的[1]HNMR 和 GPC 数据

Sample	M_n[a]	M_n[b]	M_w[b]	PDI[b]	$[\eta]$ (dl/g)	Mass ratio[c] (n_{PLA}/n_{PTMEG})
PLAG	4 768	6 683	12 430	1.86	0.193	0.87
PLAE100	—	21 954	57 958	2.64	1.04	0.96

[a]通过公式(3 - 1)和[1]HNMR 中积分面积计算得到;
[b]M_n通过 GPC 测定得到;
[c]通过公式(3 - 2)和[1]HNMR 中积分面积计算得到。

3.3.1 PLAE100 分子结构分析

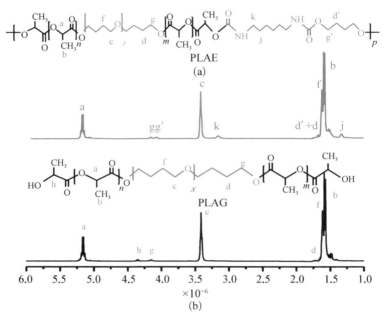

图 3-3 PLAG 和 PLAE100 的 ^1H NMR 图

3.3.2 PLAE/PLA 共混物 FTIR 测试

图 3-4 中给出了不同共混比例共混物的 FTIR 图谱。在羰基的伸缩振动区域，1 754 cm^{-1} 处的吸收峰为共混物中自由羰基的吸收峰。在 PLAE100 的图谱中，1 712 cm^{-1} 处可以看到一个微弱的峰，这个峰属于氢键束缚的羰基。另一个出现在 1 688 cm^{-1} 处的吸收峰证实了 PLAE100 中少量酰胺或脲键的存在[135-137]。属于—NCO 基团位于 2 200 cm^{-1} 处的吸收峰已经很难再观察到，具体数据这里不再给出。1 712 cm^{-1} 和 1 688 cm^{-1} 处的吸收峰随着 PLA 共混组分含量的升高逐渐变弱，在 PLAE10-50 的样品图谱中难以观察到。氢键的组成包括了 PLA 的羰基和羟基，PLAE100 中—NH 基团等。羰基通常作为质子的受体，—NH 和羟基通常作为质子的供体。氢键的形成（分子内或分子间）会影响—NH 的吸收峰位置[138-139]。PLA 和 PLAE100 中的酯键羰基与—NH 基团形成氢键，而—NH 来自 HDI 和 BDO 形成的硬段，从 FTIR 图谱中可以看到，氢键的形成造成了—NH 的吸收带从 3 400 cm^{-1} 移动到 3 320 cm^{-1}。所有

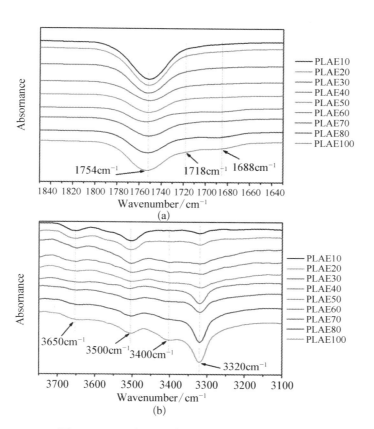

图 3 - 4　PLA/PLAE 共混物的 ATR - FTIR 图谱

(a) 1 630~1 850 cm⁻¹；(b) 3 100~3 750 cm⁻¹

共混物的图谱中都可以观察到 3 500 cm⁻¹ 和 3 650 cm⁻¹ 处的羟基吸收峰。另外，可以注意到 PLAE100 的位于 3 320 cm⁻¹ 氢键束缚—NH 基团要明显强于 3 400 cm⁻¹ 处的自由—NH 基团吸收峰。但是 PLAE100 的位于 1 754 cm⁻¹ 自由羰基基团吸收峰要明显强于氢键束缚羰基基团吸收峰。这是由于羰基基团数和—NH 基团数目的差异造成的，大部分的—NH 基团都参与形成氢键的同时，大部分的羰基都没有机会参与氢键的形成。这导致 PLA 链段和 PTMEG 链段之间产生一定的相分离。

3.3.3　PLAE/PLA 共混物 DSC 测试

DSC 测试考察了共混物的热性能，组分相容性和结晶性。图 3 - 5 中显示了各种组分的 DSC 曲线。T_m，T_c 和 ΔH_c 从第一次扫描曲线中获得。因为用于力

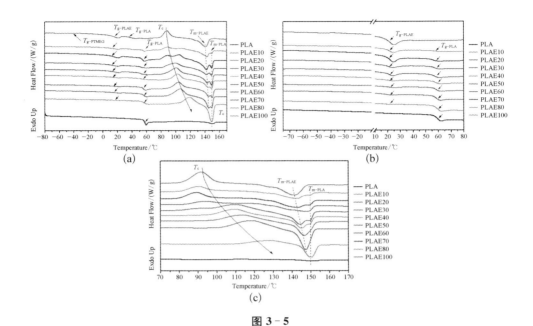

图 3 - 5

（a）PLA/PLAE 共混物的 DSC 第一次扫描曲线；（b）PLA/PLAE 共混物的 DSC 第二次扫描曲线，
−75℃～80℃；（c）PLA/PLAE 共混物的 DSC 第二次扫描曲线，70℃～170℃

学测试样品是制备后未经任何热处理的样品，所以第一次扫描曲线获得数据更能反映力学样品的热性能。图中可以看到，在第一次扫描曲线中，PLAE100 具有 3 个 T_g，分别位于 −39.75℃，17.05℃和 37.68℃。但是，$T_{g\text{-}PLA}$ 和 $T_{g\text{-}PLAE}$ 在第二次扫描曲线中难以观察到。这可能是由于 PLAE100 分子链在 DSC 测试过程中的自我调整，提高了不同链段间的融合[140]。

　　本研究中的 PLAE100 聚氨酯具有室温以下的 T_g，这是制备热塑性弹性体的有利条件。3 个 T_g 表明 PLAE100 存在一定的相分离结构，这与 FTIR 的分析结果一致。第二次扫描被用于确定共混物的 T_g。位于 −37℃ 的属于 PTEMG 链段的 T_g，在共混物样品的 DSC 曲线中难以观察到，可能是由于共混物中 PTMEG 含量降低所致。从表 3 - 5 和图 3 - 5 中可以清晰地看到，所有共混物在 DSC 曲线中都在 18℃～22℃ 和 56℃～60℃ 两个区域表现出两个 T_g，它们分别属于 PLAE100 和 PLA 组分。

　　DSC 通常被用来确定共混聚合物的相容性和非相容性。DSC 曲线中只出现一个 T_g，表明聚合物体系是相容的，两个 T_g 表明聚合物体系是非相容或部分相容的。软段和硬段的结晶和相分离程度可以通过热转变消除，比如玻璃化转变温度，熔点温度和结晶温度[141-143]。DSC 第二次扫描结果表明，PLA 与 PLAE100 并非有良好的相容性。整体看来，$T_{g\text{-}PLAE}$ 随着共混物中 PLAE100 含量的增加，有轻微移动到较高数值的倾向。同时，$T_{g\text{-}PLA}$ 有轻微移动到较低数值的倾向。这些表明 PLAE 与 PLA 也并非完全不相容，而是部分相容的。在 PLAE100 和 PLA 之间存在氢键，相分离程度随着 PLAE100 含量的增加而降低，也就是随着 PLAE100 的引入形成了更多的氢键。另外，在 DSC 第一次扫描中，对于样品 PLAE70 和 PLAE80 观察到明显的两个结晶峰，表明至少有两种结晶形成，而较低温度的结晶峰对应 PLAE100 组分，较高温度的结晶峰对应 PLA 组分。这两个结晶峰随着共混物组分的变化而变化，低温的结晶峰逐渐与高温的结晶合并为一个峰。PLAE10‑50 的 DSC 曲线只能观察到一个结晶峰并且低含量的 PLAE100 更容易促进 PLA 结晶。

表 3‑5　PLA，PLAE100 和 PLA/PLAE 共混物的热学性质

Samples	$T_{g\text{-}PLAE}$[a] /℃	$T_{g\text{-}PLA}$[a] /℃	$T_{c\text{-}PLAE}$[b] /℃	$T_{c\text{-}PLA}$[b] /℃	ΔH_c[b] /(J·g⁻¹)	$T_{m\text{-}PLAE}$[b] /℃	$T_{m\text{-}PLA}$[b] /℃	ΔH_m[b] /(J·g⁻¹)	X_c[b] /(J·g⁻¹)
PLA	—	59.61	—	105.10	1.667	—	151.34	2.08	0.44%
PLAE10	18.78	59.36	—	118.86	18.98		149.08	22.44	3.59%
PLAE20	20.25	58.89	—	106.41	18.25	145.38	149.08	22.59	4.69%
PLAE30	21.45	58.57	—	103.96	16.95	144.63	150.09	18.91	2.21%
PLAE40	21.66	58.40	—	102.87	18.37	143.65	149.17	19.74	1.61%
PLAE50	21.51	57.64	—	101.16	18.76	143.16	149.25	20.64	2.31%
PLAE60	21.75	57.69	—	100.34	17.14	142.63	149.13	17.63	0.63%
PLAE70	22.10	57.42	88.93	104.84	17.26	142.24	149.50	21.71	6.04%
PLAE80	22.15	56.54	89.19	107.85	12.84	143.07	149.63	16.16	5.06%
PLAE100	22.26	—	88.15	—	12.01	141.41	—	15.55	6.05%

[a] T_g 通过 DSC 第二次扫描确定；
[b] T_g，T_m，T_c 通过 DSC 第一次扫描确定。

对于两个不同熔融峰的形成，一些研究者认为是 PLA 结晶过程中的片晶重排，较低温度出现的熔融峰是原有晶体的熔融吸热造成的；较高温度出现的熔融峰是二次晶体的熔融吸热造成的，也有可能是多晶态转变造成的[144]。

同时可以看到，较低温度出现的熔融峰随着 PLAE100 含量的降低逐渐移动到较高的数值，而较高温度出现的熔融峰几乎不随 PLAE100 含量的变化而

变化,推测为 PLA 的熔融峰。另外,这两个熔融吸热峰的区别在第二次扫描时变得不明显,较低温度的熔融峰强度增加,推测较低温度的熔融峰与 PLAE100 有关,在加热条件下,PTEMG 链段促进了 PLA 链段的运动性。同时,也可以看到,共混物的 T_c 随着 PLAE100 含量的增加而降低,表明 PTEMG 促进了 PLAE100 中 PLA 链段的结晶,共混物的结晶相比纯 PLA 得到了提高,如表 3-5 所示。有报道称 ΔH_m 和 ΔH_c 的增加是由于氨酯键含量的降低[126]。

3.3.4 PLAE/PLA 共混物力学性能测试

PLA/PLAE 共混物的力学性能如图 3-6(a),(b),(c)。整体来说共混物的力学性能随着 PLAE100 含量的变化而明显变化。在 PLAE100 较低的共混组分中,拉伸强度明显高于 PLAE100 含量较多的共混组分。从 PLAE10 到 PLAE30,随着 PLAE100 含量的逐渐增加,共混物拉伸强度逐渐下降,另一方

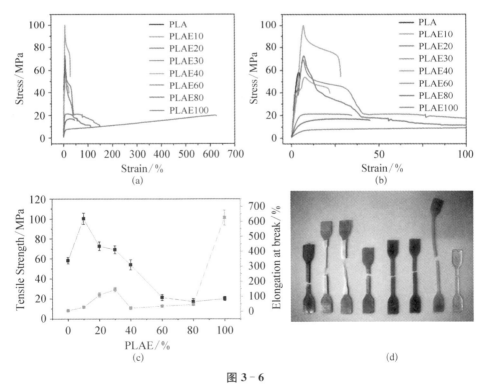

图 3-6

(a) PLA,PLAE100 和 PLA/PLAE 共混物的应力-应变曲线;(b) 0%～100%的应力-应变放大图;
(c) PLAE100 含量与共混物力学性能变化;(d) 拉伸测试后的样品图片

面,断裂伸长明显上升。对于含有 10％~30％PLAE100 的共混物来说,它们表现出比 PLA 更高的拉伸强度,分别达到 100 MPa,72 MPa 和 69 MPa。特别是含有 10％PLAE100 的共混物,拉伸强度甚至超过 100 MPa,同时具有比 PLA 明显提高的断裂伸长率,这也可以从图 3-6(d)中看出,PLAE20 和 PLAE30 拉伸后有明显的取向伸长,由于取向伸长部分发白,推测为分子链取向,重新排列结晶所致。但是,当 PLAE100 含量达到 40 wt％后,断裂伸长和拉伸强度都明显下降。当 PLAE100 含量超过 40 wt％后,观察到拉伸强度明显的下降,断裂伸长的提高却并不显著。结果表明,对于添加少量 PLAE100(10 wt％~30 wt％)的共混物显示出优异的力学性能,达到了共混增韧聚乳酸的目的。

表 3-6　PLA,PLAE100 及其共混物的力学性能

Samples	ultimate strength /MPa	elongation at break	Young's modulus /MPa
PLAE10	100±5.6	28.2％±6.2％	$(2.0±0.4)×10^4$
PLAE20	72.7±4.3	110％±15％	$(1.9±0.4)×10^4$
PLAE30	69.1±4.0	145％±14％	$(1.3±0.1)×10^4$
PLAE40	54.0±5.2	22.0％±10％	$(1.2±0.2)×10^4$
PLAE60	21.3±3.7	34.5％±6.5％	$(5.2±0.5)×10^3$
PLAE80	17.1±3.5	44.9％±7.0％	$(3.2±0.2)×10^3$
PLAE100	20.1±2.2	625％±50％	$(1.4±0.1)×10^3$
PLA	58.3±3.2	4.95％±1.2％	$(1.7±0.03)×10^4$

3.3.5　PLAE/PLA 共混物断面观察

通过扫描电子显微镜(SEM)观察发现,经过拉伸试验后的 PLAE100 断面是非常粗糙的,表明在拉伸过程中发生韧性断裂(图 3-7(b))。这些粗糙的表面为分子链在拉伸过程中重新排列,并沿着拉伸方向取向。这个过程需要吸收大量的能量,延缓了分子的断裂,使得样品能够达到更高的断裂伸长率。与此相反,PLA 的断裂面显示为平滑的表明(图 3-7(a)),表明在拉伸过程中表现为脆性断裂,由于 PLA 分子的刚性结构,分子在拉伸过程中来不及调整自身构象,在外力作用下过早发生断裂,导致断裂伸长率非常有限。

在图 3-7(d)中可以看到,含有 10％PLAE100 的 PLAE10 的拉伸断面,除了明显凹凸起伏的断面外,还观察到断面处存在许多纤维状的结构。这些纤维

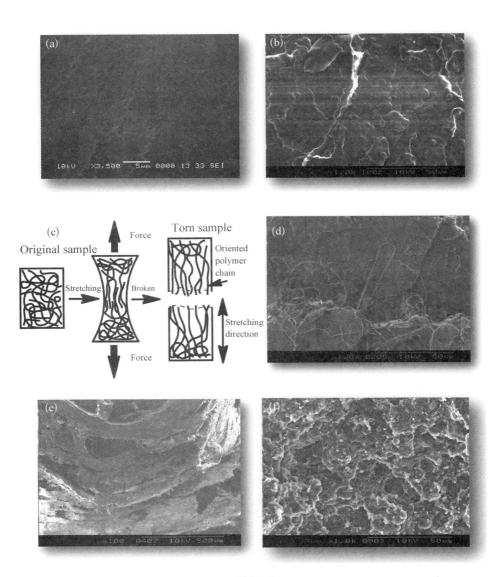

图 3 - 7

(a) PLA;(b) PLAE100 与(d) PLAE10;(e) PLAE30;(f) PLAE80 拉伸断面 SEM 图;(c) 聚合物分子链
在拉伸过程中的取向过程示意图

状结构是在拉伸过程中,聚合物分子逐渐沿着拉伸方向取向,如图 3 - 7(c)。
PLAE100 中 PTMEG 柔软链段对分子构象的调整,同时 PLAE100 中 PLA 链
段与 PLA 基体良好的相容性都对聚乳酸的增韧起到积极的作用。这些纤维结
构的形成过程吸收能量,并且取向的分子和纤维结构对聚合物的强度也起到增

强的效果。图 3 - 7(e)为 PLAE30 的拉伸断面,可以看到由于拉伸过程中显著的断裂伸长,拉伸断面出现剧烈的变形并伴有纤维结构的形成。图 3 - 7(f)为 PLAE80 的拉伸断面,可以看到断面凹凸起伏为典型韧性断裂,并且不存在空隙,表明 PLA 与 PLAE100 良好的相容性。

　　为了观察 PLAE100 的相结构,采用原子力显微镜(AFM)对 PLAE100,PLAE10 和 PLAE30 进行进一步的相结构观察。从图 3 - 8(a)和(b)中可以看出,PLAE10 具有非常明显的微相分离结构,相图中暗区主要为 PLAE100 组成区域,亮处为 PLA 基体和 HDI - BDO 硬段组成。相分离区域的尺寸大多都在

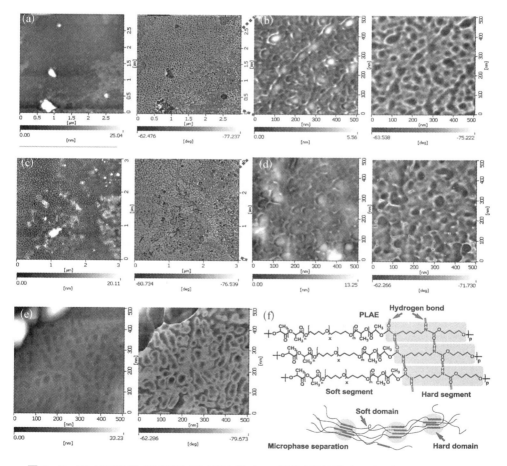

图 3 - 8　PLAE100 及 PLAE10,PLAE30 的 AFM 图像(轻敲模式)(左)高度图,(右)相图
(a) PLAE10,3 μm;(b) PLAE10,500 nm;(c) PLAE30,3 μm;(d) PLAE30,500 nm;(e) PLAE100;
(f) PLAE100 的微相分离示意图

100 nm 范围之内。这种明显的相分离现象,在之前图 3 - 5 的 DSC 测试中,从两个明显分离的 T_g 的存在而得到证实。对于 PLAE30 来说,相分离结构仍然存在,但相分离程度有降低的趋势。推测随着 PLAE100 含量的增高,共混物相分离程度降低。PLAE100 的高度图和相图表明,PLAE100 弹性体具有良好的微相分离,可以在图 3 - 8 中清晰地看到纳米尺寸的相分离区域。这一阶段的结构有助于在拉伸试验过程中断裂伸长率的增长,并且相分离程度越完善,对弹性体力学性能的提升越有帮助。亮区,即硬段区域由通过氢键连接的异氰酸酯链段、丁二醇分子和 PLA 结晶部分组成。暗区,即软段区域主要由 PTMEG 链段构成,见图 3 - 8(f)。

3.3.6　PLAE/PLA 共混物增韧机理

与共聚改性相比,共混改性更为经济有效[145],更适合工业化的大规模生产。目前,许多共混增韧聚乳酸的研究都集中于将 PLA 与韧性较好的材料进行共混,制备所得共混物具有较好的柔韧性,但强度和刚性降低。共混改性存在许多问题,最主要的为共混物之间的相容性能否确保增韧组分在 PLA 基体中很好地发挥作用。为此,在聚合物共混物中引入增容剂,能有效提高共混物相容性。其增容作用可概括为:(1)降低共混物两相之间的界面能;(2)在聚合物共混过程中促进分散相的分散;(3)提高两相的界面结合力。对相容性差的聚合物共混物进行增容后,共混物中分散相的尺寸减小,两相间的界面结合力提高,材料的力学性能显著提高[146-147]。

聚合物增韧改性的根本问题是通过引入某种机制,使材料在形变、损伤和破坏过程中耗散更多的能量。聚合物多相体系的形变、损伤和断裂过程有多种途径,增韧机理是多种能量耗散机制的综合,包括基体的形变与断裂、分散相的形变与断裂以及界面的脱黏等。橡胶增韧改性聚合物主要遵循橡胶粒子空穴化机理,多重银纹-剪切带理论。橡胶粒子的作用是发生空洞化,从而释放缺陷附近的多轴应力状态,在共混体系中,如果聚合物基体和分散相的空洞化应力同在一个数量级,那么,橡胶的空洞化和基体的银纹化是一个竞争过程。在以半结晶性聚合物为基体的共混物中,橡胶粒子的空洞化通常比基体的银纹化容易,其引起的能量吸收只是整个断裂能的一小部分。如果发生大的塑性变形,半晶性聚合物基体的形变几乎总是以剪切屈服而不是多重银纹的形式发生[147]。

共混物的性能主要依赖于(1)共混物的相结构,(2)每个组分的性质,(3)在不同组分区域之间的附着力。对于 PLA 共混物来说,前两个因素需要更仔细地考虑。在共混物中,相结构和力学性能可以通过两种组分的质量比控制。如图 3-9,当 PLAE100 含量较低时,PLAE100 以岛状小区域的形式分散在 PLA 基体中。当 PLAE100 含量增加至 40％～60％时,PLAE100 和 PLA 形成共连续相。当 PLAE100 含量较高时,PLAE100 将作为基底,而 PLA 作为分散相分布在 PLAE100 的基体中。基于不同 PLAE100 含量共混物的力学性能测试结果表明,PLAE100 为分散相,PLA 作为基底的共混物相结构更有利于改善共混物的力学性能。

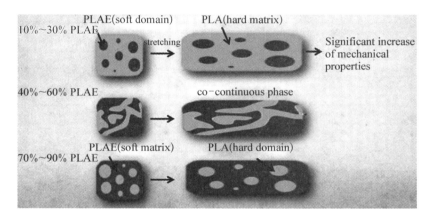

图 3-9　共混物的增韧机理示意图

运用 PLA 基弹性体增韧 PLA 具有许多优势:(1) PLA 弹性体与 PLA 基体由于具有相同 PLA 组分而有着良好的相容性,无需另外添加增容剂等促进弹性体与 PLA 基体的相容性;(2) PLA 弹性体中氨酯键不仅与弹性体链段中 PLA 链段形成氢键连接,也可与 PLA 基体中的 PLA 羧基形成连接,进一步促进两相的相容;(3) 少量的 PLA 弹性体即可达到良好的增韧效果,降低了成本。

3.3.7　PLAE/PLA 共混物 DMA 测试

PLA/PLAE 共混物动态力学分析(DMA)的结果如图 3-10 所示。PLAE100,PLA 及它们的共混物的储能模量 E' 对温度的依赖性示于图 3-10 (a)。对于 PLAE100,储能模量 E' 从 -40℃开始逐渐下降,这是由于 PTMEG 段的低 T_g 所致。PLAE80 的 E' 也表现出同样的趋势。随着 PLAE100 含量的下降,E' 平台不断升高。损耗角正切 $\tan\theta$ 的最大值随着 PLAE100 含量的增加而向较低的数值移动。对于 PLA 和 PLAE10,损耗角正切值的峰值处于较高的

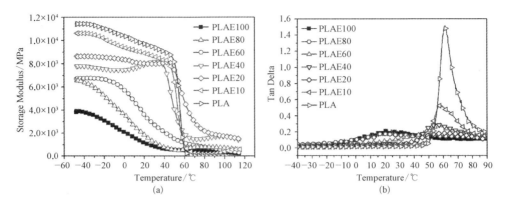

图 3‑10　PLA,PLAE100 及 PLA/PLAE 共混物的 DMA 测试(a) 储能模量,(b) 损耗角数值。正如预期的那样,损耗角正切值的变化趋势与 DSC 的结果一致。

3.4　本　章　小　结

本章以 HDI 为扩链剂,采取熔融扩链工艺对聚乳酸嵌段共聚物进行扩链制备新型聚乳酸基热塑性弹性体 PLAE100。PLA 通过与 PLA 基热塑性弹性体 PLAE100 进行共混制备具有不同 PLA 含量的 PLA 共混物。研究并确认了 PLAE100 的分子结构,表征了 PLA 共混物的热性能、力学性能、断面微观结构、相分离结构、动态力学性能等。结果表明:

(1) DSC 的结果表明,PLAE100 和 PLA/PLAE 共混物存在相分离结构,共混物曲线中存在两个 T_g。在 PLAE100 和 PLA 之间存在氢键,相分离程度随着 PLAE100 含量的增加而降低,也就是随着 PLAE100 的引入形成了更多的氢键。这些有助于提高 PLAE100 与 PLA 之间的相容性。

(2) 拉伸试验表明,PLAE100 含量较低的共混物,如含 10 wt%～30 wt% PLAE100 的共混物在拉伸强度和断裂伸长率方面都相较 PLA 有明显的提高。特别是 PLAE10 表现出明显的力学强度的提升,力学测试表明其拉伸强度超过 100 MPa,断裂伸长达到接近 30%。而纯 PLA 的断裂伸长率仅为 4.9%。

(3) 通过 AFM 和 SEM 等观察手段对共混物力学性能产生直接影响的相结构进行了研究。通过观察发现,PLAE100,PLA/PLAE 共混物基体中存在纳米尺度的相分离区域,通过氢键连接的硬段(HDI‑BDO)与 PLAE100 中 PTMEG 链段产生明显的微相分离结构。在 SEM 的观察中发现,PLAE100 低含量的共混物样品的断面呈现为粗糙表面，并存在纤维状的分子取向结构，这些结构的形成在拉伸断裂的过程中吸收外界能量。这些观察到的特殊相结构和独特的断面特征表明 PLAE 在增韧 PLA 方面发挥了重要作用。

（4）动态力学分析结果表明，PLAE100 含量较高的 PLA/PLAE 共混物的储能模量平台（E'）相对于 PLAE 含量较低的 PLA/PLAE 共混物处于较低的数值。随着共混物中 PLAE100 含量的降低，E' 平台逐渐升高。

（5）PLAE100 为分散相，PLA 作为基底的共混物相结构更有利于改善共混物的力学性能。少量的 PLA 热塑性弹性体即可达到良好的增韧效果，降低了成本。

第 4 章
生物质自修复热塑性弹性体的制备与性能研究

4.1 前 言

本章基于羟甲基糠醛的还原产物二甲醇呋喃（BHF）展开研究，以 BHF 为起始反应物，让它与琥珀酸（SA）发生缩聚反应，形成主链上带有呋喃基团的聚合物 PFS。PFS 的两种组分都可以从生物质中获得，因为 SA 可以通过糖类物质的微生物发酵获得[148,149]。运用双马来酰亚胺交联 PFS，PFS 上的呋喃基团与双马来酰亚胺（M_2）发生 Diels - Alder(DA)反应形成具有网络结构的聚合物。通过调节呋喃基团与马来酰亚胺基团比例，可以很好控制所得网络聚合物的力学性能。

我们知道，呋喃与马来酰亚胺之间的 DA 反应是一种可逆反应，正反应在低温下进行，逆反应在高温下或者外力作用下进行。所以，被破坏的聚合物网络可以通过这种 DA 反应进行修复，如图 4 - 1。本研究中所得网络聚合物基于 DA 反应，并且主链上 DA 交联点密度可自由控制，这种分子结构设计非常有利于合成自修复性能优异的自修复材料。虽然也有报道利用呋喃二甲酸，一种 HMF 的氧化产物与二元醇的缩聚来制备类似的含有呋喃基团的聚酯[33-35]，但紧邻呋喃基团的羧基吸电子作用阻碍了马来酰亚胺与呋喃之间的 DA 反应的发生。

本研究中，对这种新型生物质自修复聚合物在室温下的修复性能以及 M_2 溶液作用下的修复性进行了研究，为其应用于高性能 PLA 热塑性弹性体做了讨论。

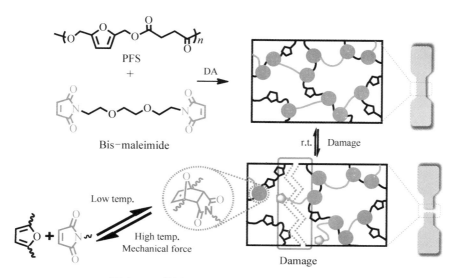

图 4‑1　基于 Diels‑Alder 反应的自修复机理

4.2　实　验　部　分

4.2.1　原材料与实验设备

本章所用的主要实验原料和实验设备见表 4‑1 及表 4‑2。

表 4‑1　实　验　原　料

名　　称	级　别	生　产　厂　家
羟甲基糠醛（HMF）	分析纯	东京化成工业株式会社
硼氢化钠	分析纯	Aldrich
琥珀酸（SA）	分析纯	东京化成工业株式会社
盐酸	分析纯	东京化成工业株式会社
甲醇	分析纯	和光纯药工业株式会社
氯仿	分析纯	和光纯药工业株式会社
无水硫酸镁	分析纯	东京化成工业株式会社
乙酸乙酯	分析纯	和光纯药工业株式会社
二氯甲烷	分析纯	和光纯药工业株式会社

续　表

名　　称	级　别	生　产　厂　家
N,N-二甲基-4-氨基吡啶（DMAP）	分析纯	东京化成工业株式会社
N,N'-二异丙基碳二亚胺（DIC）	分析纯	东京化成工业株式会社
三甘醇二胺	分析纯	东京化成工业株式会社
马来酸酐	分析纯	东京化成工业株式会社
乙酸酐	分析纯	东京化成工业株式会社
乙酸钠三水合物	分析纯	东京化成工业株式会社
丙酮	分析纯	和光纯药工业株式会社
三乙胺	分析纯	东京化成工业株式会社
无水四氢呋喃	分析纯	东京化成工业株式会社

表 4-2　实　验　设　备

设　备　名　称	型　　号	生　产　厂　家
热压机	2XZ-4	日本 Imoto
玻璃聚合装置	—	实验室设计
电子天平	XS205 DualRange	METTLER TOLEDO
真空干燥箱	DX 400	Yamato 株式会社
旋转蒸发仪	V-850	瑞士步琦（BUCHI）有限公司
拉伸机	EZ Test	Shimadzu

4.2.2　实验步骤

4.2.2.1　呋喃二甲醇（BHF）的制备

如图 4-2,向置于冰浴中盛有 30 mL 无水四氢呋喃的两口烧瓶中滴加 5 g HMF,磁力搅拌 10 min,然后在 5 min 内缓慢添加入 3 g 硼氢化钠。反应过程中放出氢气,需要保持两口烧瓶一口保持畅通排放氢气,另一口接装有稀释的 2N 盐酸溶液的滴液漏斗。待硼氢化钠加入后,继续搅拌 20 min,然后逐滴加入盐酸溶液直到反应溶液呈中性。然后将反应液倒入分液漏斗,并添加 10 mL 过饱和食盐水和 10 mL 乙酸乙酯。分液过程中,摇匀并放气。分液过程重复三次,过程中不再添加饱和食盐水。收集到的乙酸乙酯溶液层和水层分别在 45℃和 65℃下旋转蒸发仪蒸干。向乙酸乙酯溶液层得到的黏稠液体添加少量乙酸乙酯,放入−5℃的冰柜进行 BHF 的重结晶。向水层得到的淡黄固体添加乙酸乙酯清洗,将不溶于乙酸乙酯的食盐固体过滤,剩下的滤液放入−5℃的冰柜进行 BHF 的重结晶。经过 24 h 左右的重结晶,得到淡黄色BHF 晶体,过滤后于室温真空烘箱烘干 24 h,称重。所得产物的[1]H NMR 图谱如图 4 − 3。

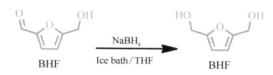

图 4 − 2　BHF 的制备示意图

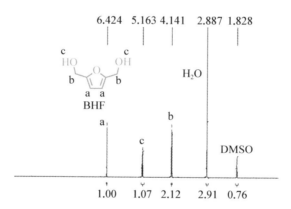

图 4 − 3　BHF 的[1]H NMR 图谱

4.2.2.2　PFS 的制备

如图 4 − 4,2.0 g BHF 与 1.8 g SA 在 5.9 g 脱水剂 N,N′−二异丙基碳二亚胺(DIC)和 5.7 g 催化剂 N,N−二甲基−4−氨基吡啶(DMAP)的作用下,在室温和磁力搅拌条件下发生缩合,溶液为二氯甲烷,反应时间为 24 h。所得反应混合液逐滴加入过量甲醇(过量甲醇体积为反应混合液体积的 10 倍左右),并用少量氯仿清洗残余在反应烧瓶中的反应物,清洗液一并倒入过量甲醇。经过沉淀和过滤,所得白色粉末经过 24 h 室温真空烘箱烘干,称重,并用于下一步实验。所得PFS 具有 5 700 数均分子量,15℃左右的 T_{g} 和 80℃左右的熔点。^{1}H NMR 图谱如图 4 − 5 所示。

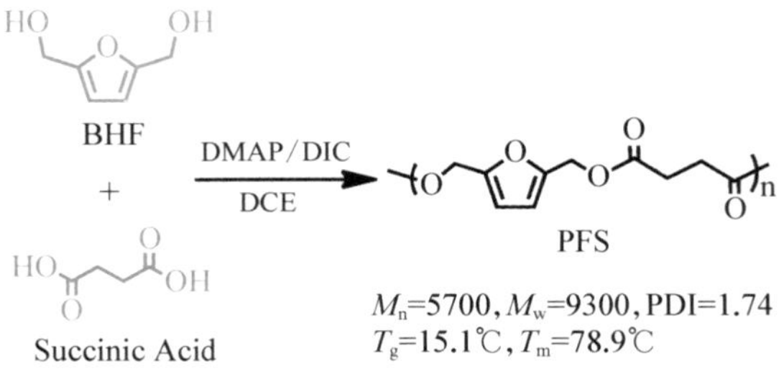

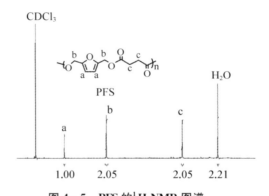

DMAP=N,N-dimethyl-4-aminopyridine
DIC=N,N′-Diisopropylcarbodiimide
DCE=1,1-Dichloroethene

图 4－4　PFS 的制备示意图

CDCl₃

PFS

H₂O

a

b

c

| 1.00 | 2.05 | 2.05 | 2.21 |

图 4－5　PFS 的 ¹H NMR 图谱

4.2.2.3　制备双马来酰亚胺

双马来酰亚胺制备过程分为两步(图 4－6)：首先,将三甘醇二胺(0.032 mol)缓慢滴加到马来酸酐(0.063 mol)的氯仿溶液(35 mL)中,滴加过程在 8℃和氮气气氛下进行。反应物在室温下搅拌 2 h 后,过滤得到中间产物双马来酰胺酸(产率83%)。然后,双马来酰胺酸(0.017 mol),三乙胺(0.011 mol)和乙酸钠三水合物(0.013 mol)加入丙酮(30 mL),然后再加入乙酸酐(0.108 mol)。反应混合物加热回流 2.5 h 后,得到的浓缩黏稠物倒入水中沉淀并得到原始产物。最后,原始产物经过过滤和甲醇的清洗最终得到需要的产物,产率 16%。

4.2.2.4　制备生物质自修复网络聚合物(PFS/M)

PFS 通过与双马来酰亚胺发生 DA 反应,制备具有网络结构的自修复聚合物

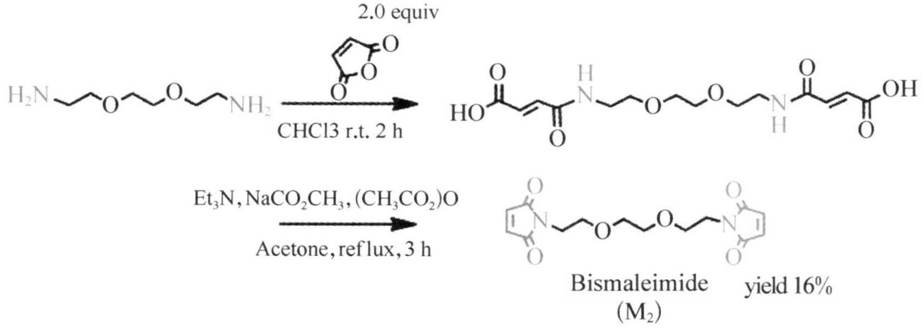

图 4－6　M₂ 的制备示意图

PFS/M₂。一定量的 PFS 添加入带有磁力转子的烧瓶中,添加适量氯仿溶解并开启磁力转子搅拌。待 PFS 完全溶解在氯仿中,随后加入双马来酰亚胺。呋喃基团与马来酰亚胺基团(F/M)的比例设为 2/1～10/1。含有不同 F/M 基团比的 PFS/M₂ 根据基团比的不同,分别命名为 PFS/M－2/1,PFS/M－3/1,PFS/M－4/1,PFS/M－6/1,PFS/M－8/1,PFS/M－10/1。反应混合物在磁力搅拌下搅拌 30 min 左右,倒入培养皿待氯仿蒸发后,将制备得 PFS/M₂ 薄膜取出进行热压。热压温度 130℃,压力 5 MPa,热压时间 5 min 左右。聚合物薄膜置于 0.2 mm 的铝片中,上下铺盖聚四氟乙烯薄膜,最外层加盖两片铝片(厚度不限)。130℃ 热压得到 PFS/M₂ 薄膜立即置于 40℃烘箱中恒温 3 h,然后置于室温下 24 h 以上确保 DA 反应达到平衡。PFS/M 的制备示意图如图 4－7 所示。

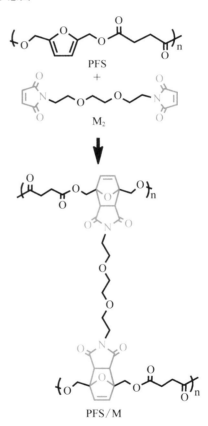

图 4－7　PFS/M 的制备示意图

4.2.3　测试与分析

4.2.3.1　差示扫描量热(DSC)

差示扫描量热法(DSC)在 Seiko EXSTAR6000 上进行。2～5 mg 的样品被放在铝制小锅内,温度以 10℃/min 的速率从－40℃升高到 150℃或 200℃。

4.2.3.2　核磁共振分析(^{1}H NMR)

样品氘代氯仿溶液的^{1}H NMR 光谱通过 400 MHz JEOL JNM – AL400 光谱仪获得。

4.2.3.3　凝胶渗透色谱(GPC)

凝胶渗透色谱法在配备了两个 Shodex GPC LF – 804 色谱柱的 HLC – 8220GPC 上测定。具有低分子量分散性的聚苯乙烯作为标准物来校准曲线。

4.2.3.4　衰减全反射红外光谱(ATR – IR)

衰减全反射红外光谱(ATR – IR)测试在装备有 ZnSe 晶体的 Thermo Scientific Nicolet IS10 傅里叶变换红外光谱仪上进行。红外光谱波数范围为 600～3 800 cm^{-1},分辨率为 2 cm^{-1}。吸收峰强度通过 OriginPro8 软件计算。

4.2.3.5　凝胶测试

溶液成膜的样品首先在 130℃下经过热压(5 MPa),然后将质量等分的样品分别在不同的时间点投入氯仿溶剂,在室温下搅拌 30 min。过滤溶液,得到的不溶物干燥后称重,以计算样品前后质量变化。

$$凝胶含量 \% = (未溶解部分质量 / 样品初始质量) \times 100\%$$

4.2.3.6　拉伸性能测试

聚合物的力学性能通过 Shimadzu EZ Test 拉伸机在室温下进行,拉伸速率为 5 mm/min。根据 JIS K 7113 描述的哑铃状试样(有效区域：7.0 mm×1.4 mm×(0.3～0.4)mm)被用于拉伸实验中。每次拉伸实验都重复 4 次以上,所得平均值用于研究数据以确保实验的可重复性。

4.2.3.7　自修复实验

在自修复试验中,进行完拉伸试验的哑铃型样品的断面被重新黏合在一起,水平放置。并在室温条件下保持断面接触 1～10 天。这个接触的过程是没有任何外力的。

4.2.3.8　溶液修复实验

在溶液修复试验中,进行完拉伸试验的哑铃型样品的断面首先浸入不同浓度的 M$_2$ 溶液(10 mg/mL,25 mg/mL,50 mg/mL,70 mg/mL 和 100 mg/mL)中,浸入时间约 1 s。然后断面被重新黏合在一起,水平放置。并在室温条件下保持断面接触 5 天。这个接触的过程是没有任何外力的。

4.3　结果与讨论

4.3.1　PFS/M DA 反应速率及热学测试

为了测定 PFS/M 样品中 DA 反应达到反应平衡所需要时间,对 F/M 设为 2/1 的样品进行了凝胶测试实验(图 4 - 8)。实验表明,在最初的 2～3 h 内 DA 反应进行得很快,在到达第 3 个小时之后趋于平稳。在凝胶测试开始,PFS/M 就达到了 74% 的凝胶化程度,4 天后达到 97% 的凝胶化程度。损失掉的 3% 可能是由于低分子量的 PFS 分子或者只有部分交联的 PFS 分子。

经过 2 h 的 DA 反应,所得 PFS/M 中 F/M 为 2/1～6/1 的样品变得几乎不溶于氯仿,而氯仿是 PFS 的良溶剂。说明样品确实形成了三维的网络结构。基团比为 8/1 和 10/1 的样品在反应 5 天后仍然表现为部分溶解于氯仿中,说明其交联结构形成的并不完善。

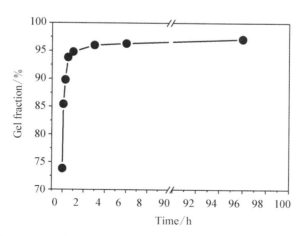

图 4 - 8　PFS/M - 2/1 的 Diles - Alder 反应过程中的凝胶测试

从表 4-3 中可以看出,交联后的 PFS/M 交联度随 F/M 的升高依次降低, T_g 也依次降低,DSC 曲线中没有观察到熔点或结晶峰。说明样品处于非晶状态,呋喃与马来酰亚胺之间的交联有效地抑制了 PFS 分子结晶的形成。 T_g 低于室温,对于提高分子在室温下的运动性有很重要的作用,这也为自修复和热塑性弹性体材料的制备提供了有利条件。同时,也可以注意到 F/M 比 6/1 以下的样品的 T_g 低于 PFS 的 T_g,交联反倒引起 T_g 的下降。这是由于 M_2 分子扰乱了 PFS 中呋喃基团的 π-π 重叠并因为交联增加了 PFS 分子之间的分子间距,导致体系中自由体积增加,从而降低了 T_g。

ATR-FTIR 也被用来观测 DA 反应的进行。观测经过 130℃ 热压的 PFS/M-2/1 样品的红外图谱随时间的变化,可以得到样品 DA 反应的信息。如图 4-9,1 730 cm^{-1} 处吸收峰为 PFS 羰基吸收峰,1 700 cm^{-1} 处吸收峰为 M_2 的羰基吸收峰,它们随着 DA 反应的进行并没有明显的强度变化。而 700 cm^{-1} 处 M_2 的 C=C 双键的吸收峰[34,59],在最初的几个小时内强度迅速下降,这与凝胶测试的结果一致。即使 DA 反应达到平衡,700 cm^{-1} 处仍然残留着一定强度的吸收峰,表明少量的马来酰亚胺基团以未反应的状态残留在 PFS/M-2/1 样品之中。当 DA 反应达到平衡,1 700 cm^{-1} 处的 M_2 的羰基吸收峰随着样品中 M_2 含量的增加而增加,700 cm^{-1} 处 M_2 的 C=C 双键的吸收峰也有相似的趋势,虽然它们的变化看起来很小。图 4-10 中 700 cm^{-1} 处的放大图可以看出,随着 M_2 含量的增高,越来越多的 M_2 分子处于未反应状态。这些未反应的马来酰亚胺基团分数 F_{M-ur} 可以通过 1 700 cm^{-1} 和 700 cm^{-1} 两处吸收峰的积分面积计算出:

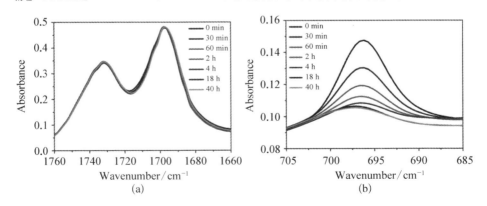

图 4-9　Diels-Alder 反应过程中 PFS/M-2/1 的 ATR-FTIR 光谱

(a) 羰基吸收峰区域;(b) 酰亚胺 C=C 吸收峰

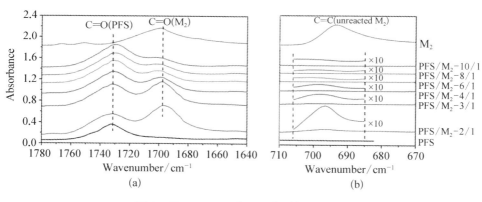

图 4-10　M₂,PFS 和 PFS/M 的红外光谱

（a）羰基吸收峰区域;（b）酰亚胺峰吸收峰区域(C=C)

$$F_{\text{M-ur}} = I_{C=C} I_{C=O(M_2)} / I_{C=O} I_{C=C(M_2)} \qquad (4-1)$$

式中 $I_{C=O(M_2)}$ 和 $I_{C=C(M_2)}$ 表示纯 M₂ 的红外吸收峰积分强度,$I_{C=C}$ 和 $I_{C=O}$ 为样品中的吸收峰积分强度。表 4-3 中列出了各个样品的 $F_{\text{M-ur}}$,可以看出随着 M₂ 含量的增加,$F_{\text{M-ur}}$ 随之增加,表明高交联会阻碍 M₂ 和 PFS 之间的 DA 反应。

4.3.2　PFS/M 力学测试

力学性能测试表明,聚合物的力学性能与 F/M 的比密切相关,如图 4-11 和表 4-3。马来酰亚胺含量多的时候力学强度和杨氏模量升高,断裂伸长率降

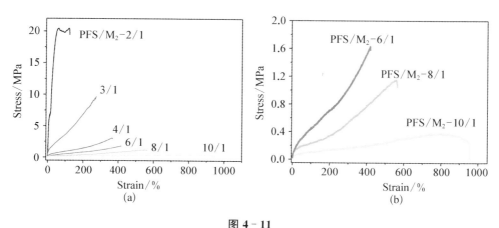

图 4-11

（a）PFS/M 的应力-应变力学拉伸曲线;（b）马来酰亚胺含量较低的应力-应变力学曲线

低。相反的,马来酰亚胺含量少的时候力学强度和杨氏模量降低,断裂伸长率升高。这表明这种聚合物的力学性能能够通过马来酰亚胺的添加量进行控制。对于 PFS/M - 2/1,屈服点发生在断裂伸长率 20% 的时候,颈缩发生在断裂伸长率70% 的时候。F/M 比为 3/1,4/1 和 6/1 的样品中,没有观察到屈服点和颈缩现象。虽然 F/M 比为 8/1 和 10/1 的样品表现出与 3/1,4/1 和 6/1 的样品相似的力学性能,但样品在拉伸断裂后由于严重的塑性变形,断裂后样品不能再收缩回原来长度。

表 4 - 3　PFS/M 的 FTIR,DSC 和力学数据

sample	F_{M-ur}[a]	T_g[b] /℃	Young's modulus /MPa	ultimate strength /MPa	elongation at break	toughness[c] /10^4 J·m^{-3}
PFS/M - 2/1	8%	37.4	1 230±120	19.2±6.8	101%±19%	1 860±150
PFS/M - 3/1	3%	25.1	213±22	7.72±1.7	233%±37%	993±110
PFS/M - 4/1	2%	16.2	23.3±3.1	1.89±0.2	355%±16%	314±50
PFS/M - 6/1	0%	12.8	13.8±0.7	1.53±0.3	458%±30%	297±46
PFS/M - 8/1	0%	6.8	4.21±0.8	0.88±0.2	582%±65%	254±79
PFS/M - 10/1	0%	1.8	2.93±0.3	0.31±0.1	986%±69%	177±34

[a]PFS/M 中未反应马来酰亚胺含量百分比;数据计算误差为±2%;
[b]T_g通过 DSC 的第一次加热曲线测定;
[c]Toughness 通过 stress-strain 曲线下面积的计算获得。

4.3.3　PFS/M 自修复性

在自修复试验中,进行拉伸试验后的哑铃型样品的断面被重新黏合在一起,并在室温条件下保持接触 1~10 天。这个接触的过程是没有任何外力的。如之前提到的,F/M 为 8/1 和 10/1 的样品,经过拉伸后严重变形,不能再用于自修复实验中,所以自修复实验围绕 F/M 比为 2/1 到 6/1 的样品展开。对于 PFS/M - 2/1 样品,从修复实验初开始便没有任何修复的迹象。PFS/M - 3/1,PFS/M - 4/1 和 PFS/M - 6/1 的断面接触,经过一定时间的自修复便可以连接在一起。修复率经过拉伸实验中原始样品和修复样品的拉伸曲线下面积比确定。

PFS/M - 6/1 的样品经过 1 天,5 天和 10 天自修复样品的拉伸曲线如图4 - 12 所示。可以看到修复后的样品拉伸曲线整体沿着原始样品拉伸曲线随时间逐渐延长。修复率随着修复时间的增加而上升。修复 10 天后的修复率与 5

天的修复率相近,所以 5 天的修复时间对于 PFS/M 是比较合理的修复时间。样品 PFS/M‑3/1,PFS/M‑4/1 和 PFS/M‑6/1 的修复样品拉伸数据列于表 4‑4 中。PFS/M‑6/1 经过 5 天的自修复,修复率达到 73.7%,延长时间对修复率的增长有限。

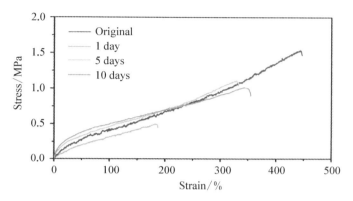

图 4‑12　PFS/M‑6/1 的应力‑应变曲线:原始样品,
自修复 1,5 和 10 天后的样品

表 4‑4　自修复 PFS/M 样品的力学性能

sample	healing time /days	Young modulus /MPa	ultimate strength /MPa	elongation at break	toughness /10^4 J·m^{-3}
PFS/M‑3/1	5	44.7±3.1	1.3±0.3	51.2%±7.0%	42.9±11.0
PFS/M‑4/1	1	16.0±0.3	0.42±0.02	84.5%±9.4%	18.7±3.2
PFS/M‑4/1	2	24.6±1.1	0.54±0.01	91.6%±6.4%	27.0±2.1
PFS/M‑4/1	5	29.3±1.7	0.62±0.03	112%±15%	41.1±10.5
PFS/M‑6/1	1	4.9±0.4	0.53±0.02	185%±7%	54.4±3.7
PFS/M‑6/1	2	9.2±1.0	0.59±0.05	205%±5%	73.9±5.4
PFS/M‑6/1	5	15.4±0.8	1.1±0.1	330%±5%	219±8
PFS/M‑6/1	10	16.3±1.2	1.1±0.2	354%±4%	240±32

随着 F/M 比的降低,修复率逐渐降低。自修复 5 天的 PFS/M‑3/1 和 PFS/M‑4/1 样品仅达到 4.3% 和 13.1% 的修复率。对于自修复的结果,推测样品在拉伸断裂后,断面产生了自由的呋喃和马来酰亚胺基团。断面相互接触后这些基团便能再次连接在一起。当样品中马来酰亚胺含量比较低时,样品中的

自由呋喃基比较多,马来酰亚胺基团就比较容易再次连接到呋喃上。当马来酰亚胺含量比较高的时候,样品中的自由呋喃基比较少,马来酰亚胺基团再次连接到呋喃上的概率大大降低,并且由于交联度的上升导致分子运动性的下降,马来酰亚胺基团由于空间阻碍,难以够到呋喃基团,导致修复率的下降。

4.3.4 PFS/M 溶液修复性

自修复在实际运用中非常方便,M₂溶液的辅助修复性也非常有研究的必要。因为即使交联过后,样品中也存在大量的自由呋喃基团,推测运用马来酰亚胺溶液涂抹在样品断面,能够很好地促进修复。

于是我们做了两种对比修复试验。一种是在断面涂抹马来酰亚胺的氯仿溶液,另一种是只涂抹氯仿溶剂。溶液修复和氯仿溶剂修复的结果列于表 4－6 和图 4－13 中。可以看到,氯仿溶剂和 M₂溶液的修复效果相对于自修复有明显的提高。对于 PFS/M－4/1 样品,氯仿溶剂修复 5 天后达到了 18.2% 的修复率。这是由于氯仿使得样品断面溶胀,促使断面接触得更紧密,从而促进了呋喃和马来酰亚胺之间的 DA 反应。

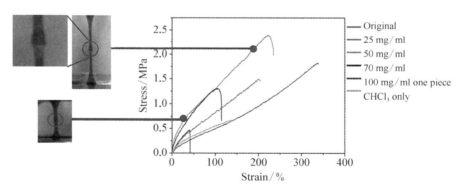

图 4－13 PFS/M－4/1 的样品通过 0～100 毫克/毫升的
M₂溶液修复 5 天后的应力-应变曲线

M₂溶液又进一步促进了修复率的提高。通过 10 mg/mL,25 mg/mL 和 50 mg/mL 浓度 M₂溶液修复的 PFS/M－4/1 样品,分别恢复了 21.3%,54.1% 和 85.0%。如图 4－13 可以看到,溶液修复的拉伸曲线有明显的拉伸强度的上升。这是由于断面附近的交联度上升所致,这也可以从拉伸中的样品看出。拉伸过程中,断面附近的宽度较其他部分变化较小。并且,表现出溶液浓度的依存性。在 F/M 比为 4/1 的条件下,50 mg/mL 的溶液修复效果最好。进一

步增加 M_2 溶液浓度却又反而导致修复率下降,如 70 mg/mL 浓度修复率远远低于 50 mg/mL 的修复率。当浓度上升到 100 mg/mL 时,样品不再修复。但当仅有单个的断面涂抹 M_2 溶液时,却又可以进行修复,不过修复率也要远远低于 70 mg/mL 时的修复率。

通过 ATR‑FTIR 来观察 PFS/M‑4/1 样品表面的基团红外吸收变化情况。从图 4‑14 中可以看到,经过 M_2 溶液处理的样品表面,1 700 cm^{-1} 处属于 M_2 的羰基吸收峰明显增强,但却不随时间变化。然而,位于 700 cm^{-1} 处的属于自由马来酰亚胺基团的 C=C 双键吸收峰在经过 M_2 溶液处理陡然增强,随后随着时间逐渐减弱。这表明 M_2 分子与样品中的自由呋喃基团发生 DA 反应,导致其强度减弱。经过一天的 DA 反应过后,C=C 双键吸收峰强度接近原始样品中的 C=C 双键吸收峰强度。添加的 M_2 分子的比例分数($F_{\text{M-add}}$)可以通过下列公式计算:

$$F_{\text{M-add}} = \left[I_{\text{C=O}}{}^{a} - I_{\text{C=O}}{}^{b} \right] / I_{\text{C=O}}{}^{b} \tag{4-2}$$

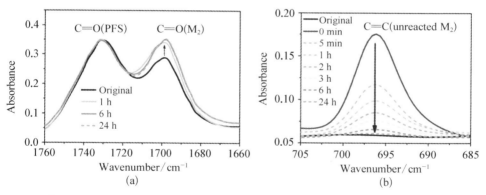

图 4‑14　经过 50 mg/mL M_2 溶液浸泡过的 PFS/M‑4/1 的 ATR 红外光谱

(a) 羰基吸收峰区域;(b) 酰亚胺吸收区域(C=C)

这里 $I_{\text{C=O}}{}^{b}$ 和 $I_{\text{C=O}}{}^{a}$ 为位于 1 700 cm^{-1} 处的羰基,在 M_2 溶液处理之前和之后的积分面积。通过公式(4‑2)计算得到的 $F_{\text{M-add}}$ 和 DA 反应 1 天后的 $F_{\text{M-ur}}$ 列于表4‑5中。值得注意的是,ATR‑FTIR 实验中,IR 光束可以穿透样品到达表明以下几个微米的深度,所以 ATR‑FTIR 得到的 $F_{\text{M-ur}}$ 和 $F_{\text{M-add}}$ 数值是代表样品表面及其内部及微米的一个平均值[150]。

经过 M_2 溶液浓度 50 mg/mL,70 mg/mL 和 100 mg/mL 处理的样品,$F_{\text{M-add}}$ 分别为 19%,42% 和 58%。PFS/M‑4/1 的原始样品 $F_{\text{M-ur}}$ 仅为 2%,经过

50 mg/mL,70 mg/mL 和 100 mg/mL 的 M_2 溶液处理后,分别增加到 3%,11% 和 16%。这表明经过 70 mg/mL 和 100 mg/mL 浓度的 M_2 溶液处理后,样品表面残留了大量的未反应的 M_2 分子,这很好地解释了高浓度下导致的低修复率。

表 4 - 5 PFS/M - 4/1 经过 M_2 溶液处理后添加的 M_2 和未反应 M_2 百分率

concentration of M_2 solution/mg · mL^{-1}	$F_{M2\text{-}add}$[a]	$F_{M\text{-}ur}$[b]
50	19%	3%
70	42%	11%
100	58%	16%

[a]通过 M_2 溶液添加到 PFS/M - 4/1 表面的马来酰亚胺百分比;数据计算误差为±2%;
[b]通过 M_2 溶液添加到 PFS/M - 4/1 表面的未反应的马来酰亚胺百分比,数据为 M_2 溶液处理后 24 h 后采集;数据计算误差为±2%。

因为当样品断面涂抹低浓度 M_2 溶液时,添加的 M_2 分子起到连接断面的作用。这促进了修复率的提高,但是当 M_2 浓度过高,M_2 分子大量消耗断面附近的自由呋喃基团,并且 M_2 连接同面自由呋喃的可能性大大增加,导致 M_2 在没有很好地形成断面之间的架桥之前就把自由呋喃基团消耗殆尽,大部分的 M_2 分子可能只是单边悬挂着一面的断面,起不到断面之间的连接作用。同时,由于高浓度下,断面附近交联度明显增加,分子运动性下降,这也造成呋喃和马来酰亚胺基团的 DA 反应受阻。所以,适当的 M_2 溶液浓度对修复率提高至关重要。

在 M_2 溶液修复中,PFS/M - 6/1 样品在所有浓度下都表现出相对其他样品较好的修复效果。从图 4 - 15 中可以看到,氯仿修复的样品拉伸曲线,与原始样品的拉伸曲线非常相近,表现出非常好的修复率。经过 M_2 溶液修复的样品展现出更好的修复率,并表现出拉伸强度上升的现象。样品经 100 mg/mL 溶液修复后表现出最高的拉伸强度,而之前提到的 PFS/M - 4/1 样品在此浓度下却不能被修复。对于 PFS/M - 6/1,单面涂抹 100 mg/mL 浓度 M_2 溶液也表现出不错的修复率。这说明原始样品的 F/M 比对修复率同样有至关重要的影响。在 70 mg/mL 浓度下,PFS/M - 6/1 表现出最好的修复率,在浓度为 100 mg/mL 修复的样品中,第一次拉伸断裂的部位与修复后第二次拉伸断裂的部分不同,展现出很好的修复性。PFS/M - 4/1 与 PFS/M - 6/1 对 M_2 溶液不同的修复行为是由原始样品中自由呋喃基团数量造成的。对于 PFS/M - 6/1,样品中自由呋喃基团更多,在高浓度时即使被 M_2 溶液消耗了大量自由呋喃基团,仍然有足够的自由呋喃基团余下来与 M_2 分子进行架桥。

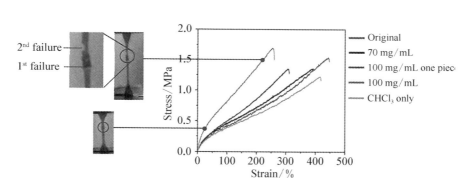

图 4-15　通过不同 M₂ 溶液浓度修复的 PFS/M-6/1 样品应力-应变曲线

对于样品 PFS/M-2/1 和 PFS/M-3/1,溶液修复的结果列于表 4-6 中。对于具有低 F/M 比的样品来说,自修复和 M₂ 溶液的修复都不理想。当浓度大于 50 mg/mL 时,PFS/M-2/1 样品不能修复。对于 PFS/M-3/1,当溶液浓度大于 70 mg/mL 时,仅有单面断面涂抹的样品才能够修复,修复率非常低。PFS/M-2/1 样品在自修复和氯仿修复的条件下都没观察到修复的迹象,这是因为,样品中的相对较低含量的自由呋喃基团和高交联度导致的分子运动性降低,这些因素导致马来酰亚胺与自由呋喃再次连接的概率大大降低。

表 4-6　PFS/M 的样品通过 0～100 毫克/毫升的 M₂ 溶液修复 5 天后的力学性质

sample	concentration of M_2 solution /(mg·mL^{-1})	Young modulus/ MPa	ultimate strength /MPa	elongation at break	toughness /10^4(J·m^{-3})
PFS/M-2/1	10	536 ± 13	1.7 ± 0.8	$1.1\%\pm0.3\%$	1.2 ± 0.2
PFS/M-2/1	50	$1\,020\pm209$	6.2 ± 1.4	$8.3\%\pm2.8\%$	33.6 ± 3.6
PFS/M-3/1	0^a	65.7 ± 6.4	1.4 ± 0.2	$53.0\%\pm6.2\%$	47.3 ± 5.2
PFS/M-3/1	10	66.6 ± 3.2	1.1 ± 0.2	$46.3\%\pm8.5\%$	32.4 ± 14.0
PFS/M-3/1	50	198 ± 12	2.1 ± 0.5	$31.5\%\pm4.9\%$	65.8 ± 6.9
PFS/M-4/1	0^a	33.1 ± 4.6	0.71 ± 0.02	$137\%\pm12\%$	57 ± 9
PFS/M-4/1	10	35.8 ± 3.3	0.78 ± 0.04	$135\%\pm26\%$	67 ± 12
PFS/M-4/1	25	37.6 ± 4.0	1.49 ± 0.3	$204\%\pm32\%$	170 ± 21
PFS/M-4/1	50	50.4 ± 2.3	2.44 ± 0.7	$208\%\pm38\%$	267 ± 101
PFS/M-4/1	70	46.3 ± 2.8	1.23 ± 0.1	$120\%\pm12\%$	86 ± 11

续　表

sample	concentration of M₂ solution /(mg · mL^{-1})	Young modulus/ MPa	ultimate strength /MPa	elongation at break	toughness /10^4(J · m^{-3})
PFS/M-4/1	100, one piece[b]	30.3±4.7	0.44±0.05	30.7%±8.7%	8.0±2.8
PFS/M-6/1	0[a]	10.2±0.6	1.2±0.02	399%±28%	269±26
PFS/M-6/1	10	12.2±1.3	0.9±0.2	280%±24%	156±30
PFS/M-6/1	50	15.5±1.5	1.1±0.1	330%±30%	207±24
PFS/M-6/1	70	17.8±1.1	1.3±0.1	370%±33%	285±15
PFS/M-6/1	100, one piece[b]	15.3±1.5	1.2±0.2	332%±33%	175±38
PFS/M-6/1	100	21.9±1.7	1.5±0.1	285%±23%	247±8

[a] 通过氯仿修复；
[b] 只有一个断面经过 M₂ 溶液处理并与另一个未经溶液处理的断面进行修复。

　　各个样品拉伸实验得到的修复率列于表 4-7 和图 4-16 中。如之前提到,修复率为修复样品和原始样品韧性之比,而韧性数值由拉伸曲线下方面积算出。自修复的修复率随着 F/M 比的增高而增高。PFS/M-3/1 的自修复率为 5%,PFS/M-6/1 的自修复率上升到 74%。在高 F/M 比下,更多的自由呋喃基团处于未反应的状态,因此在断面生成的自由马来酰亚胺基团可以较容易地连接到自由呋喃基团上。这种现象也可以在 M₂ 溶液和氯仿溶剂的修复实验中看到。PFS/M-2/1 在 M₂ 浓度为 50 mg/mL 的条件下,仅达到 2% 的修复率,而 PFS/M-6/1 在 M₂ 浓度为 70 mg/mL 的条件下,达到将近 100% 的修复率。总的来说,样品的原始交联度与马来酰亚胺溶液的浓度对修复率有至关重要的影响。F/M 比为 6/1 的时候,整体的修复效果最好。

表 4-7　自修复和 M₂ 溶液修复的 PFS/M 样品修复 5 天后的修复整体情况[a]

sample	self-healing	concentration of M₂ solution/(mg · mL^{-1})						
		0[b]	10	25	50	70	100[c]	100[d]
PFS/M-2/1	×	×	0.08±0	○	2.0± 0.3	×	×	×
PFS/M-3/1	4.3±1.1	4.5± 1.3	3.3± 1.4	○	6.6± 0.7	○	○	×

sample	self-healing	concentration of M₂ solution/(mg·mL⁻¹)						
		0^b	10	25	50	70	100^c	100^d
PFS/M-4/1	13.3±3.4	18.2±2.8	21.7±4.0	54.6±7.0	85.9±32.6	27.7±3.7	2.6±0.9	×
PFS/M-6/1	74.1±2.7	90.7±8.9	52.6±10.2	○	69.8±8.1	96.1±5.2	59.0±13.0	83.2±2.8

a×=样品不能被修复或者修复效果不理想；○=虽然样品能够被修复，但没有进行拉伸实验；b通过氯仿修复；c只有一个断面经过 100 mg·mL⁻¹ M₂溶液处理；d两个断面经过 100 mg·mL⁻¹ M₂溶液处理。

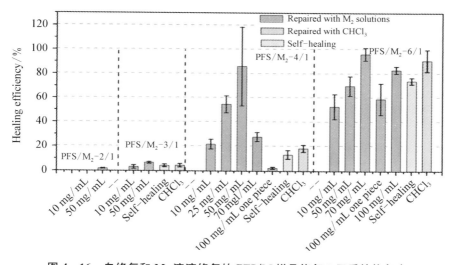

图 4-16　自修复和 M₂ 溶液修复的 PFS/M 样品修复 5 天后的修复率

4.4　M₂分子结构对 PFS/M 性能影响

我们知道，DA 反应是高分子反应合成中一个实用的反应，DA 反应的可逆性可以用来制备许多高性能的聚合物，如具有加工性的可逆交联高分子[151-155]、形状记忆高分子[156,157]、力学性能可软-硬转化高分子[158-160] 和可修复高分子[39,40,55-58,61,62]。对于这些高分子来说，分子设计，如主链结构或者交联剂的分子结构，都对高分子性能有至关重要的影响。不同结构的呋喃[155,161] 和马来酰亚胺[39,55,151,162,163]的聚合物的可逆性、热学性能、力学性能和修复性在文献中虽然已有报道,但都没有系统地研究不同分子结构对这些性能影响。在上面的研究中,PFS 经过与具有柔软链段的 M_2 分子交联获得具有良好自修复能力的 PFS/M。PFS 的分子结构既简单又具有很高的自由呋喃基团数量,对于自修复是有利的。所以通过改变 M_2 分子结构是既简单又显著改变 PFS/M 性能的方法。

本节研究中,PFS 与 5 种具有不同分子结构的 M_2 进行交联,反应式如图 4-17。5 种不同结构的双马来酰亚胺,它们具有短的、长而柔软的和刚性的分子结构。通过 DSC、FTIR、力学测试等手段,分析并讨论了 PFS 与不同 M_2 分子的 DA 反应速率,制备得到的聚合物的热性能、力学性能和修复性能(自修复性能和氯仿溶剂修复)。这对自修复材料合成设计中起始原料和合成方法的选择具有很重要的参考价值。

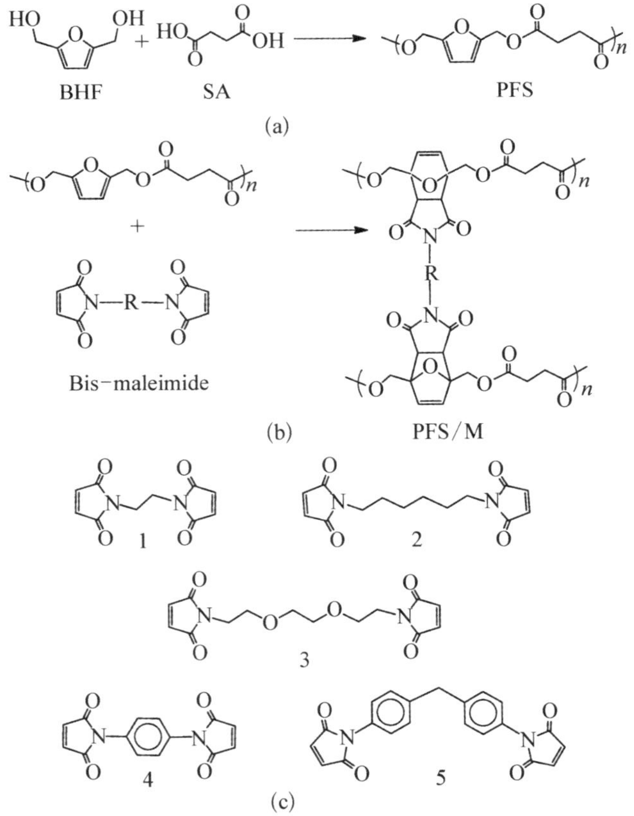

图 4-17　PFS 与不同马来酰亚胺交联示意图

同时,M₂分子结构对 DA 反应程度的影响,帮助我们更好地理解修复率与 DA 反应程度的关系;M₂分子结构对修复率的影响,帮助我们更好地理解 PFS/M 材料的自修复机理,提供了更多关于呋喃和马来酰亚胺之间 DA 反应的信息。

4.4.1　制备具有不同分子结构的生物质自修复网络聚合物(PFS/Mx)

一定量的 PFS 加入带有磁力转子的烧瓶中,添加适量氯仿溶解并开启磁力转子搅拌。待 PFS 完全溶解在氯仿中,随后加入双马来酰亚胺。呋喃基团与马来酰亚胺基团(F/M)的比设为 2/1 到 6/1,如图 4-15 中所示,不同的双马来酰亚胺分别命名为 1,2,3,4,5。根据含有不同 F/M 基团比的 PFS/Mx 和 M₂结构的不同,分别命名为 PFS/Mx-y/1,x=1,2,3,4,5,y=2,3,4,6。例如,PFS/M1-2/1 表示具有 F/M 比为 2/1 的,通过 1 双马来酰亚胺交联的 PFS/M。

反应混合物在磁力搅拌下搅拌 30 min 左右,倒入培养皿待氯仿蒸发后,将制备得 PFS/M 薄膜取出进行热压。热压温度 130℃,压力 5 MPa,热压时间 5 min 左右。聚合物薄膜置于 0.2 mm 的铝片中,上下铺盖聚四氟乙烯薄膜,最外层加盖两片铝片(厚度不限)。130℃热压得到 PFS/M 薄膜立即置于 40℃烘箱中恒温 3 h,然后置于室温下 24 h 以上确保 DA 反应达到平衡。

4.4.2　ATR-FTIR 和 DSC 分析

PFS/M2-2/1 样品经过 130℃热压和 3 h 的 40℃退火然后置于室温下,通过观察 PFS/M2-2/1 样品在此过程中的红外图谱随时间的变化,可以得到样品 DA 反应的信息。如图 4-18,与之前研究的 PFS/M3-2/1 类似,1 730 cm⁻¹处吸收峰

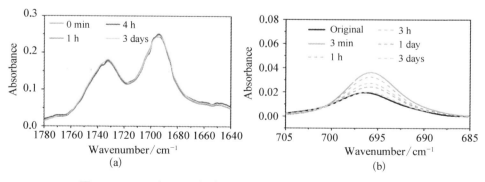

图 4-18　PFS/M2-2/1 在 DA 反应过程中的 ATR-FTIR 光谱

(a)羰基吸收峰区域;(b)C=C 双键吸收区域

为 PFS 羧基吸收峰,1 700 cm^{-1} 处吸收峰为 M_2 的羧基吸收峰,它们随着 DA 反应的进行并没有明显的强度变化。而 700 cm^{-1} 处 M_2 的 C＝C 双键的吸收峰[34,59],在最初的几个小时内强度迅速下降。通过式(4-1)计算 PFS/Mx 的 F_{M-ur},如图 4-19。F_{M-ur} 在最初的几个小时下降很快,然后逐渐达到平衡状态。PFS/Mx-2/1 具有不同的 DA 反应速率和平衡时的未反应 M_2 分数 F_{M-ur}^e。PFS/M-2/1 与 2,3 和 5 的交联发生得较快并 F_{M-ur}^e 最终停留在较低值,然而 PFS/M4-2/1 表现出较低的 DA 反应速率和较高的 F_{M-ur}^e 数值。PFS/M1-2/1 的 DA 反应速率和 F_{M-ur}^e 介于 PFS/M4-2/1 和 PFS/M2-2/1,PFS/M3-2/1,PFS/M5-2/1 之间。

比较不同 F/M 比例下 PFS/M 的 F_{M-ur}^e 数值,如图 4-19(c),发现如之前预料的,对于所有的 M_2,F_{M-ur}^e 随着 M_2 含量的增加而增加。通过比较 1 和 2,4 和

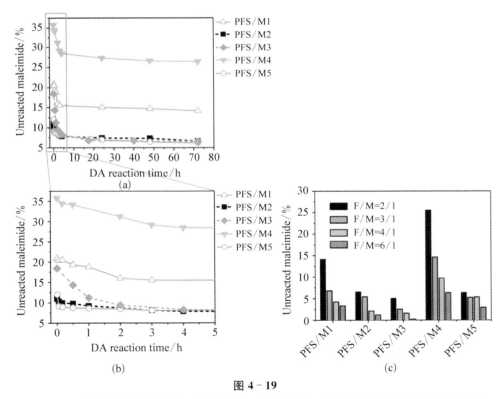

图 4-19

(a) PFS/M-2/1 中未反应的马来酰亚胺分数,F_{M-ur} 与 DA 反应时间;(b) 区域 0 和 4 小时的放大图;(c) PFS/M 在平衡状态下的未反应的双马来酰亚胺分数,F_{M-ur}^e。F_{M-ur} 和 F_{M-ur}^e 的实验误差估计为 ±2%

5 之间的结构,发现 M_2 的链段长度影响 $F_{M\text{-}ur}^e$ 的结果。对于短链段的 1 和 4,短链结构阻碍了 M_2 与 PFS 的架桥,另外,在所有的 F/M 比例下,PFS/M4 都具有最高的 $F_{M\text{-}ur}^e$ 数值。同时,PFS/M3 具有最低的 $F_{M\text{-}ur}^e$ 数值,这都表明 M_2 分子结构的刚性影响 DA 反应的反应程度,具有柔软结构的 M_2 能够更好地与 PFS 分子交联。

　　DSC 分析表明 PFS/M-2/1 的 T_g 在约 $40℃$,并且随着 F/M 比的升高而降低。PFS/M-6/1 的 T_g 在 $10℃$ 左右,如图 4-20(e)。对于所有的 PFS/Mx ,在同一 F/M 比下都具有相似的 T_g ,不同 PFS/Mx 之间 T_g 的波动可能是由于 M_2

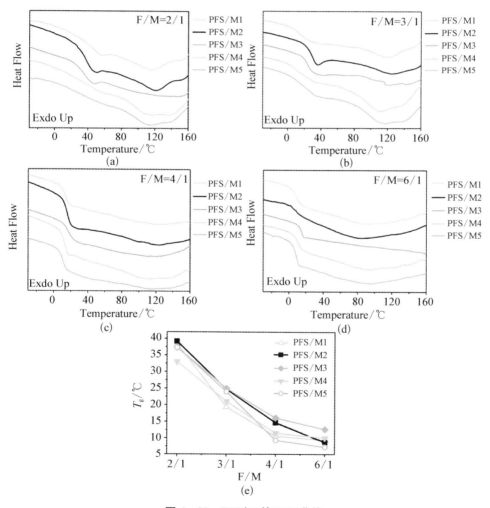

图 4-20　PFS/M 的 DSC 曲线

(a) F/M=2/1;(b) F/M=3/1;(c) F/M=4/1;(d) F/M=6/1;(e) F/M 比例对 T_g 的影响

分子结构和刚性决定的。PFS/Mx 的 DSC 曲线中没有观察到熔点或结晶峰。说明样品处于非晶状态。T_g 低于室温，对于提高分子在室温下的运动性有很重要的作用，这也为自修复和热塑性弹性体材料的制备提供了有利条件。

4.4.3　PFS/Mx 的力学性能

拉伸测试表明，PFS/Mx 的力学性能与 F/M 的比和 M_2 的分子结构密切相关，见图 4-21。所有的 PFS/Mx-2/1 显示出相似的力学性能，如高拉伸强度（20 MPa 左右）和有限的断裂伸长率（60%~80%）。除了 PFS/M3-2/1，因为 3 具有相对柔软的链段，它的断裂伸长达到将近 130%。当 F/M 比增加到 3/1 时，M_2 结构对力学性能的影响变得比较明显。拉伸强度以 PFS/M3，PFS/M2，PFS/M1，PFS/M4 和 PFS/M5 的顺序依次降低。苯环结构倾向于增加 PFS/Mx 的拉伸强度，而 2 和 3 的柔软链段，亚甲基和三甘醇结构倾向于增加 PFS/

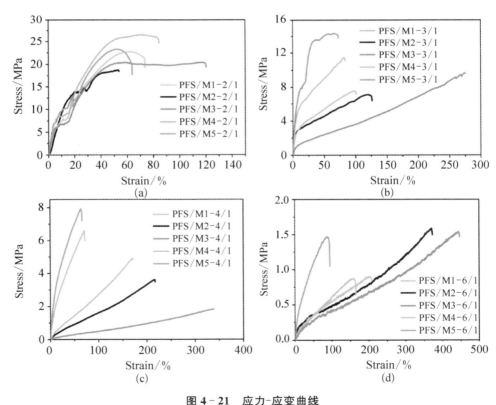

图 4-21　应力-应变曲线

(a) PFS/M-2/1；(b) PFS/M-3/1；(c) PFS/M-4/1；(d) PFS/M-6/1

Mx 的断裂伸长率;通过 1 交联的 PFS/M1 表现出介于其他 PFS/Mx 之间的力学性能。当 F/M 比增加到 4/1,这种 M$_2$ 分子结构的依存性表现得更加明显,力学曲线很好地分散开并表现出各自不同的特性。但当 F/M 比进一步增加到 6/1 时,这种力学性能上的差异性又减小了,可能是由于 PFS/Mx 中 M$_2$ 含量降低,M$_2$ 的结构特性表现效果减弱的结果。总的来说,5 种 PFS/Mx 的力学性能随着呋喃/马来酰亚胺基团比而变化。

表 4 - 8　**PFS/Mx 的力学性能和 T_g**

sample	F_{M-ur} [a]	T_g [b] /℃	Young's modulus /MPa	ultimate strength /MPa	elongation at break	toughness [c] /10^4 J·m^{-3}
PFS/M2 - 2/1	6.5%	39.2	851±129	16.9±1.9	62.9%±7.9%	755±134
PFS/M5 - 2/1	6.3%	37.4	1 443±78	23.8±2.3	76.0%±8.8%	1 343±72
PFS/M1 - 2/1	14.1%	38.4	1 151±161	21.5±2.1	76.0%±7.5%	1 183±78
PFS/M4 - 2/1	25.5%	33.1	1 595±195	24.9±1.5	83.7%±7.2%	1 638±154
PFS/M3 - 2/1	6.0%	9.6	1 230±120	19.2±6.8	101%±19%	1 860±150
PFS/M2 - 3/1	5.4%	18.0	744±40	5.72±0.7	98.5%±16%	591±61
PFS/M5 - 3/1	5.2%	27.8	1 505±126	13.8±2.0	67.9%±4.3%	739±91
PFS/M1 - 3/1	6.8%	13.5	733±98	7.82±1.5	86.9%±12%	494±86
PFS/M4 - 3/1	14.6%	21.2	1 106±67	10.7±1.0	76.1%±10%	639±38
PFS/M3 - 3/1	2.5%	8.9	213±22	7.72±1.7	233%±37%	993±110
PFS/M2 - 4/1	2.1%	14.7	52.6±5.8	3.47±0.2	219%±13%	374±28
PFS/M5 - 4/1	5.3%	9.4	343±7.5	7.65±0.6	67.7%±9.4%	308±51
PFS/M1 - 4/1	4.2%	10.7	66.9±6.4	4.32±0.4	154%±10%	396±23
PFS/M4 - 4/1	9.7%	11.6	218±24	6.44±0.2	80.5%±6.4%	318±34
PFS/M3 - 4/1	1.6%	8.5	23.3±3.1	1.89±0.2	355%±16%	314±50
PFS/M2 - 6/1	1.2%	8.7	18.8±4.3	1.73±0.1	485%±32%	296±32
PFS/M5 - 6/1	2.9%	7.3	51.2±5.6	1.50±0.04	95.6%±1.7%	92.8±2.8
PFS/M1 - 6/1	3.3%	9.4	15.9±1.7	0.89±0.4	201%±16%	114±15
PFS/M4 - 6/1	6.3%	10.1	16.3±2.5	0.85±0.02	173%±11%	79.0±4.0
PFS/M3 - 6/1	0.2%	7.8	13.8±0.7	1.53±0.3	458%±30%	297±46

[a] PFS/M 中未反应的马来酰亚胺分数;实验数据误差为±2%;

[b] T_g 通过 DSC 第一次扫描曲线得出;

[c] 韧性通过应力-应变曲线下方的面积计算得出。

PFS/Mx 的力学性能列于表 4 - 8 中。当 PFS/Mx 具有较高的交联度时，分子运动性和自由构象被很大程度限制。在这些聚合物中，M$_2$分子结构的特性不能很好地表现出来，因此 PFS/Mx - 2/1 都表现出相似的力学性能。当交联度降低时，如 F/M=4/1 时，M$_2$分子结构的特性能够很好地表现出来，因为拉伸过程中，M$_2$分子和 PFS 分子链能够很好地舒展。3 的分子结构中柔软的三甘醇结构帮助聚合物分子链自我调节构象，在断裂前能够很好地舒展。然而对于 4 和 5，由于苯环结构相互作用，如 π - π 重叠和苯环结构本身的刚性特征，在增加了聚合物拉伸强度的同时限制了分子链的运动性。另外，比较 1 和 2，4 和 5 发现 M$_2$的烷烃链长度和苯环结构的数量都会影响 PFS/Mx 的力学性能。

4.4.4 PFS/Mx 的自修复性

对 PFS/Mx 的自修复和氯仿溶剂修复性能进行研究。力学测试结果发现，M$_2$分子结构对 PFS/M 的自修复性产生显著的影响。如图 4 - 22，通过 1 和 4 交联的 PFS/M 都显示出较低的自修复性，可以推测短烷烃结构和苯环结构对自修复起到阻碍作用，但当通过短烷烃结构交联的 PFS/M 经过氯仿溶剂修复和修复率却能够得到明显的提高。PFS/Mx 的修复率通过拉伸测试测定，并归纳于图 4 - 23 中。所有的 PFS/Mx - 2/1 样品都没有表现出自修复的能力。但 PFS/M2 - 6/1 和 PFS/M3 - 6/1 的自修复率分别达到 72% 和 74%。部分 PFS/Mx - 3/1 和 PFS/Mx - 4/1 样品仅有较弱的自修复性，剩余都不能自修复，或是修复效果不理想以致难以进行拉伸实验。修复性对 F/M 比的依存性与之前研究基

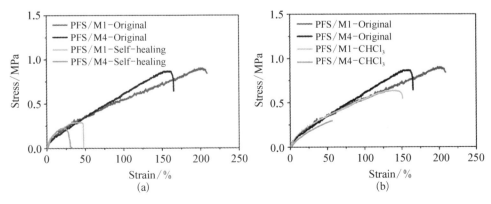

图 4 - 22 应力-应变曲线为(a) 自愈合 PFS/M - 6/1 和(b) 氯仿愈合 PFS/M - 6/1，连续 5 天，以及与原始样品的曲线

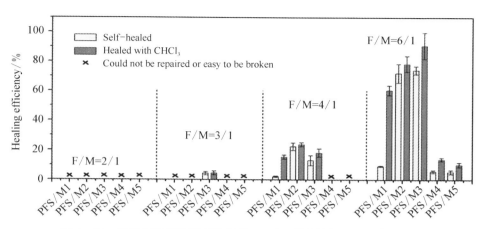

图 4 - 23 自修复和氯仿溶剂修复的 PFS/M 样品修复 5 天后的修复率

本一致。在 PFS/Mx - 3/1 的样品中,仅有通过 3 交联的样品能够进行自修复,虽然自修复和氯仿溶剂修复实验的修复率都很低。对于 4 和 5,只有当 F/M 比为 6/1 时,PFS/M4 - 6/1 和 PFS/M5 - 6/1 才显示出比较弱的自修复性。

表 4 - 9 在室温下自修复 5 天后 PFS/Mx 的力学性能

sample	Young modulus/ MPa	ultimate strength /MPa	elongation at break	toughness /10^4(J · m^{-3})
PFS/M3 - 3/1[a]	44.7±3.1	1.3±0.3	51.2%±7.0%	42.9±11.0
PFS/M3 - 3/1[b]	65.7±6.4	1.4±0.2	53.0%±6.2%	47.3±5.2
PFS/M2 - 4/1[a]	53.0±2.3	1.5±0.13	75.9%±8.9%	84.2±9.3
PFS/M2 - 4/1[b]	51.2±3.9	1.3±0.11	103%±7.7%	89.0±4.7
PFS/M1 - 4/1[a]	93±7.2	0.63±0.13	15.1%±2.1%	8.61±2.0
PFS/M1 - 4/1[b]	71.3±2.5	1.4±0.13	56.1%±6.5%	60.8±5.5
PFS/M3 - 4/1[a]	29.3±1.7	0.62±0.03	112%±15%	41.1±10.5
PFS/M3 - 4/1[b]	33.1±4.6	0.71±0.02	137%±12%	57.0±9.0
PFS/M2 - 6/1[a]	12.9±1.2	1.2±0.13	311%±37%	213±19
PFS/M2 - 6/1[b]	10.9±2.5	1.3±0.10	320%±32%	232±16
PFS/M5 - 6/1[a]	25.5±6.2	0.41±0.07	20.5%±5.8%	4.98±1.2
PFS/M5 - 6/1[b]	21.3±4.6	0.52±0.05	27.4%±3.2%	9.5±1.4
PFS/M1 - 6/1[a]	18.2±3.5	0.29±0.02	46.6%±3.2%	10.5±0.41

sample	Young modulus/ MPa	ultimate strength /MPa	elongation at break	toughness /10^4(J·m^{-3})
PFS/M1-6/1[b]	16.5±2.3	0.60±0.06	148%±13%	68.9±3.8
PFS/M4-6/1[a]	20.5±2.1	0.24±0.1	24.0%±3.7%	4.42±0.75
PFS/M4-6/1[b]	14.9±4.5	0.28±0.08	60.0%±6.2%	10.9±0.9
PFS/M3-6/1[a]	15.4±0.8	1.1±0.1	330%±5%	219±8
PFS/M3-6/1[b]	10.2±0.6	1.2±0.02	399%±28%	269±26

[a] 自修复;[b] 通过氯仿修复。

正如所期待的,PFS/Mx 的氯仿修复比自修复更加有效。氯仿使得断面膨胀,并使断面相互靠近,促进了断面之间的连接。特别是对于 PFS/M1-4/1 和 PFS/M1-6/1,氯仿修复的修复率明显增加,相对于自修复的 2% 和 9%,分别上升到 15% 和 60%。但对于 PFS/M5 和 PFS/M4,氯仿的修复促进作用却不明显,表明 M$_2$ 分子结构仍然对修复效果起到至关重要的作用。

另一方面,PFS/M2-6/1 和 PFS/M3-6/1 显示出非常优异的自修复性能。自修复实验结果表明通过 2 和 3 交联的 PFS/Mx 的自修复率要明显高于通过 1 和 4 交联的 PFS/Mx。这与之前的 DA 反应程度结果一致。如之前提到的,具有柔软分子结构的 2 和 3 相较 4 和 5,能够更好地在 PFS 分子之间架桥。值得注意的是,通过 5 交联的 PFS/Mx,虽然表现出较高的 DA 反应程度,但自修复率却较低。这表明 DA 反应的程度主要受 M$_2$ 的分子长度影响,在聚合物内的狭窄空间内比较容易连接到自由呋喃基团上。然而断面之间的 DA 反应对分子运动性有更高的需求,在聚合物内能够顺利反应的 5,由于刚性的分子结构,难以跨过两个断面之间的距离顺利连接另一断面的 PFS 上的自由呋喃基团。

对于通过 1 交联的 PFS/Mx,氯仿明显提高了其修复率。1 的分子结构属于短的烷烃链结构,通过氯仿浸润断面,使得断面相互接触更紧密,自由呋喃和马来酰亚胺之间距离缩短从而更容易进行连接。然而没有氯仿辅助的自修复条件下,修复率就明显下降。对于具有长烷烃结构的 2 和 3,自修复的效果比较理想,这些都表明拥有柔软的长链结构的 M$_2$ 分子是设计合成自修复材料的理想选择。

4.5　本　章　小　结

本章研究主要围绕生物质来源的聚合物 PFS,通过 HMF 的还原产物 BHF 与琥珀酸 SA 的缩聚反应制备一种主链上具有呋喃基团的聚酯,通过与其主链上呋喃基团的 DA 反应交联制备的生物质室温自修材料 PFS/M。结果表明:

1. 通过调节聚合物体系中 M_2 的含量,力学性能可以被控制在一个很宽的范围内。

2. PFS/M 具有自修复的能力:当被拉伸断裂,断面表面能够被再次黏合,并且不需要任何外界辅助条件(如压力、高温、溶剂、UV 辐射等),自修复完全在室温下进行。M_2 溶液和氯仿溶剂的辅助修复能够明显提高修复率。

3. 修复率随着呋喃/马来酰亚胺(F/M)比的增高而上升,具有高 F/M 比的 PFS/M,在各种修复条件下,整体具有优异的修复性能。通过具有三甘醇结构马来酰亚胺交联的 PFS/M－6/1 表现出优异的修复性能,自修复条件下达到 75% 的修复率,在氯仿溶剂和 70 mg/mL M_2 溶液修复条件下修复率超过 90%。这表明 F/M 比是 PFS/M 自修复材料修复率的决定性因素,因为 F/M 比决定自由呋喃含量和 PFS 的分子运动性。总的来说,PFS/M 具有可控的力学性能和实用性的自修复能力。

4. 这也是首例基于呋喃和马来酰亚胺的室温自修复材料,虽然室温条件下,75% 的修复率比起文献报道的接近 100% 的修复率来说确实还有一定差距,但文献中这些高修复率都是在高温,如 120℃ 的条件下获得。在这种高温条件下,DA 逆反应已经发生甚至聚合物开始熔融,已经很难定义为自修复过程。也有报道在 60℃ 左右条件下进行修复的报道,借助温度大幅度提高分子运动性已完成呋喃与马来酰亚胺基团之间的连接。但这些都需要借助外界辅助条件,那就是温度,并不是真正意义上的自修复。

虽然本章研究的目的在于研究室温自修复材料,但通过文献上的类似提高温度的修复方法,PFS/M 的修复率仍然有上升的可能性。

5. 通过 5 种具有不同分子结构的 M_2 与 PFS 进行 DA 反应,成功合成了 5 种具有自修复功能的网络聚合物 PFS/Mx。

6. M_2 的分子结构对 PFS/Mx 的 DA 反应的反应程度,力学性能和修复性能都有至关重要的影响。M_2 中的苯环结构倾向于提高 PFS/Mx 的拉伸强度但会阻碍自修复过程的进行；另一方面，M_2 中的柔软链段，如长烷烃链段或三甘醇结构倾向于提升 PFS/Mx 的断裂伸长率并促进自修复过程的进行。在分子设计阶段，M_2 分子结构的可选择性，为 PFS/Mx 的力学性能和修复性能的可控性提供了一种有效的手段。通过具有长烷烃链段的马来酰亚胺交联的 PFS/Mx 同样表现出优异的修复性，自修复率和氯仿溶剂修复分别达到 70% 和 80%。

7. 通过 5 交联的 PFS/M5 虽然表现出高 DA 反应性，但自修复非常不理想，表明修复率不仅受到 DA 反应程度的影响还受到其他因素影响，其中最重要的就是 M_2 分子结构。通过 1 交联的 PFS/M1 表现出较低的自修复率，但是通过氯仿溶剂的辅助，修复率却可以大幅度提升，这为通过短烷烃交联的自修复材料提供了一个有效提高修复率的方法。这些都为基于 PFS 的修复材料提供了更广阔的应用前景。

8. 这种通过 Diels-Alder 反应制备的具有可逆化学键的自修复材料，具有诸多优点，如可控的力学性能，自修复网络分子结构，热可逆性带来的热塑性。通过将这种分子结构引入 PLA 分子中，有望有效改进 PLA 的韧性的同时，并且赋予 PLA 以许多新的高性能，如自修复性、可逆化学键带来的一般网络聚合物所不具备热塑性等。

第 **5** 章

生物质形状记忆聚合物的制备与性能研究

5.1 前　　言

　　在之前的研究中,成功通过 PFS 和 M_2 的 DA 反应得到了具有良好自修复性能的 PFS/M。PFS/M 中存在着大量的自由呋喃基团,并且 PFS/M 的 T_g 明显随着 F/M 比的变化而变化。且 PFS/M 中的自由呋喃基团可以与 M_2 溶液中的 M_2 分子进一步反应交联。

　　本章研究主要围绕一种热响应生物质形状记忆高分子的简便制备方法展开。这种高分子的形状记忆效应具有可设计性,并能够记忆多达 4 个临时形状。通过控制 M_2 溶液的浓度,PFS/M 的 T_g 能够在一个很广的范围内被控制。通过 $100 \text{ g} \cdot \text{L}^{-1}$,$50 \text{ g} \cdot \text{L}^{-1}$,$35 \text{ g} \cdot \text{L}^{-1}$ 浓度的 M_2 溶液在 PFS/M 样品中不同区域创造出 3 个新的不同 T_g,加上原始样品的 T_g,这 4 个 T_g 赋予了样品复杂且多变的形状记忆功能。并且这种方法可以实现 PFS/M 局部 T_g 的升高,T_g 局部升高的部位、形状回复区域的个数、面积和形状等都具有可设计性并通过 M_2 溶液简单地进行调节,这为 PFS/M 实现更复杂的形状记忆提供了条件,扩宽了生物质高分子的应用。本章就这种新型 SMP 的形状记忆功能进行了研究和探讨。

5.2 实　验　部　分

5.2.1 原材料与实验设备

　　本章所用的主要实验原料和实验设备见表 5-1 及表 5-2。

表 5-1 实 验 原 料

名 称	级 别	生 产 厂 家
羟甲基糠醛（HMF）	分析纯	东京化成工业株式会社
硼氢化钠	分析纯	Aldrich
琥珀酸（SA）	分析纯	东京化成工业株式会社
盐酸	分析纯	东京化成工业株式会社
甲醇	分析纯	和光纯药工业株式会社
氯仿	分析纯	和光纯药工业株式会社
无水硫酸镁	分析纯	东京化成工业株式会社
乙酸乙酯	分析纯	和光纯药工业株式会社
二氯甲烷	分析纯	和光纯药工业株式会社
N,N-二甲基-4-氨基吡啶（DMAP）	分析纯	东京化成工业株式会社
N,N'-二异丙基碳二亚胺（DIC）	分析纯	东京化成工业株式会社
三甘醇二胺	分析纯	东京化成工业株式会社
马来酸酐	分析纯	东京化成工业株式会社
乙酸酐	分析纯	东京化成工业株式会社
乙酸钠三水合物	分析纯	东京化成工业株式会社
丙酮	分析纯	和光纯药工业株式会社
三乙胺	分析纯	东京化成工业株式会社
无水四氢呋喃	分析纯	东京化成工业株式会社

表 5-2 实 验 设 备

设 备 名 称	型 号	生 产 厂 家
热压机	2XZ-4	日本 Imoto
玻璃聚合装置	—	实验室设计
电子天平	XS205 DualRange	METTLER TOLEDO
真空干燥箱	DX 400	Yamato 株式会社
旋转蒸发仪	V-850	瑞士步琦（BUCHI）有限公司
拉伸机	EZ Test	Shimadzu

5.2.2　实验步骤

5.2.2.1　制备形状记忆网络聚合物(PFS/M)

PFS/M 的制备方法见第 4 章的实验部分。经过热压成形后的 PFS/M 薄膜(F/M=4/1)用于制备 DMA、力学测试和形状记忆实验的样品。

(1) DMA 和力学测试:经过热压后的 PFS/M 样品被剪成长方形(20 mm×9 mm×0.16mm)和哑铃形(有效区域:7.0 mm×1.4 mm×0.16 mm)。然后,样品被分别浸没在不同溶度的 M_2 溶液中(100 g·L^{-1},50 g·L^{-1},35 g·L^{-1})1 s 左右后,进行热压,促进 DA 反应的进行。然后再重复一次 M_2 溶液浸没和热压过程。热压后,在 40℃下淬火 3 h 后放置在室温下进行 DA 反应,反应时间为 72 h。

(2) 形状记忆效应:经过热压后的 PFS/M 样品,被剪成展开的正四面形。样品的不同区域被浸没在不同溶度的 M_2 溶液中(100 g·L^{-1},50 g·L^{-1},35 g·L^{-1})约 1 s 后进行热压,促进 DA 反应的进行。将样品再一次浸没在 M_2 溶液中,重复以上过程。浸没 M_2 溶液的不同区域根据浓度下降的顺序一次被标记为 A,B,C,D。热压后,在 40℃下淬火 3 h 后放置在室温下进行 DA 反应,反应时间为 72 h。最后得到的 PFS/M 薄膜的固有形为类正四边形,如示意图 5-1。

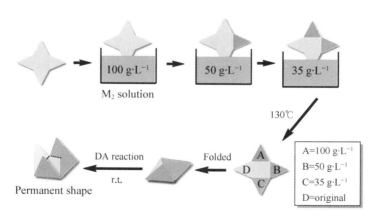

图 5-1　形状记忆测试的样品制备

5.2.3　测试与分析

5.2.3.1　差示扫描量热(DSC)

差示扫描量热法(DSC)在 Seiko EXSTAR6000 上进行。2～5 mg 的样品

被放在铝制小锅内,温度以 10℃ • min^{-1} 的速率从 − 40℃ 升高到 150℃ 或 200℃。

5.2.3.2　衰减全反射红外光谱(ATR − IR)

衰减全反射红外光谱(ATR − IR),测试在装备有 ZnSe 晶体的 Thermo Scientific Nicolet IS10 傅里叶变换红外光谱仪上进行。红外光谱波数范围为 600~3 800 cm^{-1},分辨率为 2 cm^{-1}。吸收峰强度通过 OriginPro8 软件计算。

5.2.3.3　拉伸性能测试

聚合物的力学性能通过 Shimadzu EZ Test 拉伸机在室温下进行,拉伸速率为 5 mm/min。根据 JIS K 7113 描述的哑铃状试样(有效区域:7.0 mm × 1.4 mm×0.16 mm)被用于拉伸实验中。每次拉伸实验都重复 4 次以上,所得平均值用于本章的数据以确保数据的可重复性。

5.2.3.4　动态力学性能分析(DMA)

动态力学性能分析(DMA) 在 SII EXSTAR DMS6100 设备上进行。聚合物首先在高于 T_g 高温的形变温度(T_d＝65℃)和外力作用下发生形变,然后这个形变在 T_g 以下的温度(T_f＝0℃)被固定,固定时间为 10~20 min。当聚合物被再次加热到 T_g 以上时(T_r ＝ 25℃,35℃,45℃ 或 65℃),聚合物又恢复到原始形状。

5.3　结　果　与　讨　论

5.3.1　ATR − FTIR 与 DSC 测试

通过 ATR − FTIR 来观察 PFS/M − 4/1 样品表面的基团红外吸收变化情况。从图 5 − 2 中可以看到,1 730 cm^{-1} 处的吸收峰属于 PFS 主链上的羰基吸收峰。1 700 cm^{-1} 处属于 M_2 的羰基吸收峰随着 M_2 溶液浓度的增高而增强。添加的 M_2 分子的比例分数(F_{M-add})可以通过公式(4 − 2)计算。

计算得到的 F_{M-add} 列于图 5 − 2(c)中。

另外,位于 700 cm^{-1} 处的属于自由马来酰亚胺基团的 C＝C 双键吸收峰在经过 M_2 溶液处理后强度升高,并随着 M_2 溶液浓度的升高而增强,表明未反应的

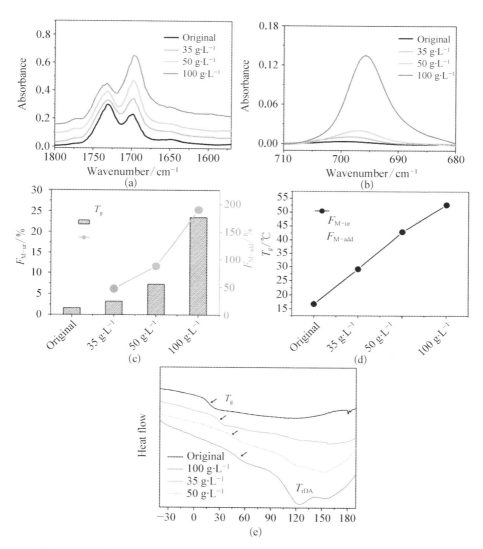

图 5 - 2　经过不同浓度的 M₂ 溶液处理的 PFS/M 薄膜样品 ATR - FTIR 光谱图

（a）PFS 和马来酰亚胺的羰基吸收峰；（b）马来酰亚胺的 C═C 双键吸收峰；（c）未反应的 M₂ 和添加 M₂ 分数；（d）经过不同浓度的 M₂ 溶液处理的 PFS/M 样品的 T_g 变化；（e）经过不同浓度的 M₂ 溶液处理的 PFS/M 的 DSC 曲线

马来酰亚胺基团含量随着 M₂ 溶液浓度的上升而增加，如图 5 - 2(c)。这些未反应的马来酰亚胺基团分数 $F_{M\text{-}ur}$ 可以通过 1 700 cm⁻¹ 和 700 cm⁻¹ 两处吸收峰的积分面积计算出：

$$F_{M\text{-}ur} = I_{C=C} I_{C=O(M_2)} / I_{C=O} I_{C=C(M_2)} \tag{5-1}$$

式中，$I_{C=O(M_2)}$ 和 $I_{C=C(M_2)}$ 表示纯 M_2 的红外吸收峰积分强度，$I_{C=C}$ 和 $I_{C=O}$ 为样品中的吸收峰积分强度。表 5 - 3 中列出了各个样品的 $F_{M\text{-ur}}$。

经过 35 $g \cdot L^{-1}$，50 $g \cdot L^{-1}$ 和 100 $g \cdot L^{-1}$ M_2 溶液处理过的 PFS/M，$F_{M\text{-add}}$ 分别达到 47%，87% 和 190%。也就是说经过 M_2 溶液交联的部分 F/M 比降低了。对于原始样品来说，F/M 比为 4/1，对于经过 35 $g \cdot L^{-1}$，50 $g \cdot L^{-1}$ 和 100 $g \cdot L^{-1}$ 处理过的 PFS/M，F/M 比分别下降到 4/1.47，4/1.87 和 4/2.9。另外，从图 5 - 2 (c)中可以看到，原始样品的 $F_{M\text{-ur}}$ 为 2%，经过 35 $g \cdot L^{-1}$，50 $g \cdot L^{-1}$ 和 100 $g \cdot L^{-1}$ M_2 溶液处理后分别上升到 3%，7% 和 23%。

如果将原始样品中马来酰亚胺基团的总含量(M) 看作 1，那么经过 35 $g \cdot L^{-1}$，50 $g \cdot L^{-1}$ 和 100 $g \cdot L^{-1}$ 处理后的样品中，马来酰亚胺基团的总含量分别为 1.47，1.87 和 2.9。已反应的马来酰亚胺基团总含量(Mr)就可以表示为 $M(1-F_{M\text{-ur}})$。于是原始样品和经过 35 $g \cdot L^{-1}$，50 $g \cdot L^{-1}$ 和 100 $g \cdot L^{-1}$ 处理后的样品中 Mr 分别为 0.98，1.43，1.74 和 2.23。从结果可以看出，经过最高 M_2 溶液浓度处理的样品，同时具有最高的未反应马来酰亚胺基团分数 $F_{M\text{-ur}}$ 和已反应马来酰亚胺基团总含量 Mr，表明样品在高交联度的条件下，分子运动性降低并阻碍了呋喃和马来酰亚胺之间的 DA 反应。

DSC 结果表明，样品的 T_g 随着 M_2 溶液浓度的上升而逐渐上升。从原始样品的 16.8℃ 上升到 52.7℃，并且位于 120℃～150℃ 的 DA 逆反应吸热峰面积也随之增大，表明样品中存在更多的 DA 交联点，也证实添加的 M_2 确实与 PFS/M 中的自由呋喃基团发生了反应，如图 5 - 2(d)和 5 - 2(e)。从 DSC 的结果可以看出，M_2 溶液中的 M_2 分子与 PFS/M 中的自由呋喃基团发生了交联反应，并且通过调节 M_2 溶液的浓度能够得到可控的 T_g。

5.3.2 形状记忆性能

形状记忆性能通过形状固定率(R_f)和形状回复率(R_r) 两个参数来进行评价。R_f 是代表聚合物保持临时形变能力的参数，R_r 是代表聚合物回复到固有形状能力的参数。它们通过以下公式计算得出：

$$R_f = [\varepsilon_1/\varepsilon_L] \times 100\% \tag{5-2}$$

$$R_r = [\varepsilon_1 - \varepsilon_R/\varepsilon_L - \varepsilon_0] \times 100\% \tag{5-3}$$

式中，ε_0 为形变之前的原始应变，ε_L 为在外力作用下达到的最大应变，ε_1 为撤掉外力后但未进入形状回复阶段的应变，ε_R 为整个形状回复过程完成以后的应变。

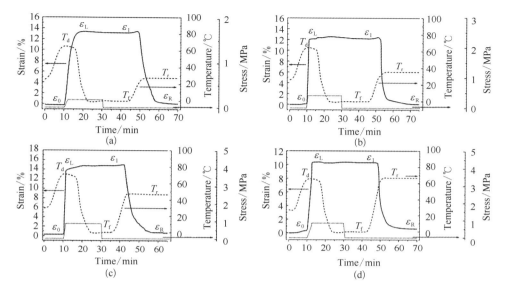

图 5 - 3　PFS/M 的形状记忆性能：所有样品首先在 65℃ (T_d) 进行预形变，并冷却进行定形，定形温度 0℃ (T_f)，然后在不同的恢复温度 (T_r) 进行形状回复

(a) 25℃下进行形状回复，原始样品；(b) 35℃，样品经过 35 g·L^{-1} M$_2$ 溶液处理；(c) 45℃，50 g·L^{-1}；(d) 65℃，100 g·L^{-1}

表 5 - 3　M$_2$ 溶液处理对 PFS/M 性能的影响

Concentration of M$_2$ soln/(g·L^{-1})	$F_{M\text{-}add}$[b]	T_g/℃	T_r/℃	R_f[d]	R_r[e]
0[a]	—	16.8	25	97.7%	95.8%
35	47%	29.2	35	97.2%	98.4%
50	87%	43.0	45	100%	97.2%
100	190%	52.7	65	99.1%	96.2%

[a] PFS/M 原始样品；
[b] PFS/M 经过 M2 溶液处理后添加的 M$_2$ 百分比，实验数据误差为±2%；
[c] 形状回复温度；
[d] 形状固定率通过公式(5-2)计算得出；
[e] 形状回复率通过公式(5-3)计算得出。

经过 M$_2$ 溶液处理后 PFS/M 样品的形状记忆性能如图 5 - 4 所示。样品首先在 65℃和外力作用下发生 10%左右的应变，然后以 100℃/min 的冷却速度骤冷到 0℃以保持临时形变。由于原始样品和 M$_2$ 溶液处理样品的 4 个 T_g 分别为 16.8℃，29.2℃，43.0℃和 52.7℃，0℃~65℃的温度范围内可以被这 4 个 T_g 划分为 5 个区域。温度区域 1 为低于所有 T_g 的区域,在这个区域内不能触发聚合物的形变。16.8℃～65℃为温度区域 2～5 的区域,于是在考虑到 4 个 T_g 数值的同时在这 4 个温度区域内挑选 4 个形变回复温度(T_r)。样品在 0℃ 下保温 10 min 左右后,撤掉外力并继续保温 10 min。0℃ 的保温过程结束后,原始样品和经过 35 g·L^{-1},50 g·L^{-1}和 100 g·L^{-1} M_2 溶液处理后的样品分别被加热到 25℃,35℃,45℃和 65℃。如图 5-4 所示,所以样品都显示出优异的形状性能,原始样品的 R_f 达到 97.7%,R_r 达到 95.8%;经 35 g·L^{-1} M_2 溶液处理后的样品,R_f 达到 97.2%,R_r 达到 98.4%;经 50 g·L^{-1} M_2 溶液处理后的样品,R_f 达到 100%,R_r 达到 97.2%;经 100 g·L^{-1} M_2 溶液处理后的样品,R_f 达到 99.1%,R_r 达到 96.2%。从形状记忆的结果可得知,当 PFS/M 的分子链从冷却状态下被加热舒展时,PFS/M 中的 DA 交流点为其形状回复提供了足够的回复力。

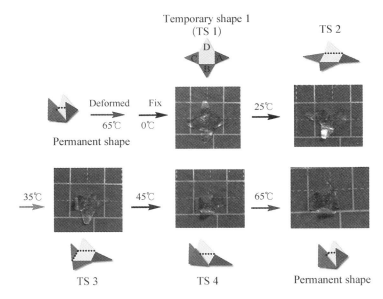

图 5-4 PFS/M 多形状记忆行为示意图

在多形状记忆效应实验中,由于 PFS/M 样品的 A,B,C 和 D 区域的 T_g 都不一样,这 4 个区域从临时形变回复到固有形状的温度是不一样的。样品的 4 个区域首先在 65℃和外力作用下发生临时形变,在外力仍然保持作用的条件下将样品浸没入 0℃的冰水中,并保持 1 min 左右。然后撤掉外力,并将样品在热台上依次加热到 25℃,35℃,45℃和 65℃以触发样品不同区域的形变。

从图 5-4 中可以看到,PFS/M 样品的不同区域按照 D,C,B 和 A 的顺序,在不同温度下依次回复了原来状态。这个形状回复的过程包括了 4 个不同临时形状和一个固有形状。在 25℃时,样品从临时形状 1 回复到临时形状 2 耗时不到 10 min;在 35℃时,从临时形状 2 回复到临时形状 3 耗时不到 10 min;在 45℃时,从临时形状 3 回复到临时形状 4 耗时不到 5 min;最后在 65℃条件下,从临时形状 4 回复到固有形状耗时不到 30 s。

推测除了图 5-4 中的这种回复路线之外,从临时形变 1 到固有形状可以遵循多种不同的回复路线,包括 4 种不同的临时形变和固有形状。这种多样并具有可选择性的回复路线为聚合物的形状回复提供了更多的选择和可能,聚合物可以根据实际需要选择回复路线。

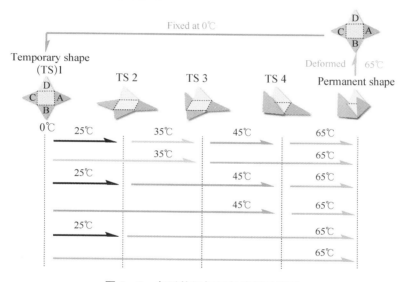

图 5-5　多形状记忆回复路径示意图

当 PFS/M 的 A,B,C,D 区域同时被触发回复到固有形状时,它们的形状回复速度是不同的。在形状回复实验中,样品各个区域首先在 65℃和外力作用下发生临时形变,在外力仍然保持作用的条件下将样品浸没入 0℃的冰水中,并保持 1 min 左右。然后撤掉外力,并将样品在热台上加热到 65℃,触发 4 个区域同时回复到固有形状。也就是说样品从临时形变 1 直接回复到固有形状。从图 5-6 中可以看到,不同的区域表现出明显不同的形状回复速度,D 区域的形状回复速度最快,C 区域其次;B 区域又较 C 区域要慢一些,而 A 区域表现出最慢的形状回复速度。明显不同的形状回复速度是由于不同区域中交联度明显不同造成的,高的交联度导致分子运动性降低,在形状回复过程中分子相互缠结导致回复速度变慢。

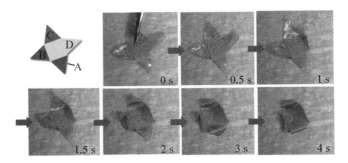

图 5 - 6　样品不同区域展现出不同的恢复速度,回复温度 65℃

5.3.3　固有形状可擦写性

　　样品经过形状记忆实验后,其类正四边形的固有形状可以经过简单的热压过程重置,其 3D 立体构形可以变回 2D 平面的固有形状。这正是由于 DA 反应的热可逆性,使得这种固有形状中的交联点在经过加热后断开,温度降低后在新的固有形状下又连接在一起。如图 5 - 7,具有 3D 固有形状的样品在 130℃ 下展

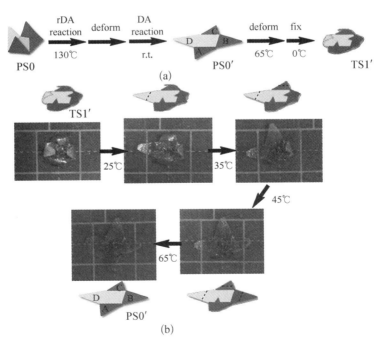

图 5 - 7

(a) 固有形状的可擦写性;(b) 新固有形状下 PFS/M 多形状记忆行为示意图

开,并保持展开的状态 3 min。然后样品薄膜被置于室温 72 h 确保 DA 反应的充分进行。得到的新的固有形状可以进行与图 5-4 中完全相反的形状回复过程,如图 5-7。这为 PFS/M 这种 SMP 提供了更多更复杂的形状记忆的可能性。

对于 PFS/M 这种 SMP,样品不同的区域的形状回复过程,可以在不同温度下被触发,并且形状回复的温度和区域可以通过控制 M_2 浓度、人工选择等手段自由选择和调节。PFS/M 的 SMP 不需要复杂的分子设计,合成方法也相对简单。外部刺激为温度,这也是最为简便的外部刺激手段。另外,其固有形状可以在高温下经过简单的热压过程多次重置,根据实际需要调节。

5.4　本　章　小　结

本研究中,具有自由呋喃基团的 PFS/M 被用于制备可设计的热响应形状记忆聚合物。

(1) 通过控制 M_2 溶液浓度,PFS/M 的 T_g 可以被控制在 17℃～53℃ 的范围内。这种 SMP 可以具有 4 个临时形变,并且从临时形变 1 到固有形变可以遵循多种回复路径,赋予聚合物更复杂多变的形状记忆性能,并拓宽了生物质功能聚合物的应用前景。

(2) 由于 PFS/M 的 A,B,C 和 D 区域的 T_g 都不一样,这 4 个区域从临时形变回复到固有形状的温度是不一样的。PFS/M 样品的不同区域按照 D,C,B 和 A 的顺序,在不同温度下依次回复了原来状态。这个形状回复的过程包括了 4 个不同临时形状和一个固有形状。

(3) 当 PFS/M 的不同区域同时被触发回复到固有形状时,其形状回复速度是不同的。对于 PFS/M 这种 SMP,样品不同的区域的形状回复过程可以在不同温度下被触发,并且形状回复的温度和区域可以通过控制 M_2 浓度、人工选择等手段自由选择和调节。

(4) PFS/M 的 SMP 不需要复杂的分子设计,合成方法也相对简单。外部刺激为温度,这也是最为简便的外部刺激手段。另外,其固有形状可以在高温下经过简单的热压过程多次重置,根据实际需要调节。

第6章
具有自修复和形状记忆功能的聚乳酸基热塑性弹性体的制备与性能研究

6.1 前　　言

近年来,由于人们对环境问题的日益重视,开发生物质高分子越来越受到研究者的关注[21-23]。其中,PLA 作为少有的既属于非石油来源又属于生物可降解材料及其良好的生物相容性等优点,是目前被广泛研究的明星材料之一。PLA 具有脆性等不足之处,为了改进 PLA 的韧性,通过共混与 PLA 相容性较好的第二组分,形成能明显对增韧有益的相分离结构;共聚引入柔软大分子进入 PLA 链段等。这些都是有效对 PLA 增韧的手段,但目前很少有研究报道在改进 PLA 韧性的同时,赋予 PLA 多功能性的研究。

另一方面,自修复高分子能够对自身受到的物理创伤自行修复,这大大增加了材料的耐久性、安全性和使用寿命。这对提高资源利用率和减轻环境负担都有不可忽视的作用。呋喃与马来酰亚胺之间的 DA 反应被广泛用于高分子的合成中,特别是具有高性能的高分子,如室温自修复高分子[164-166]。因为 DA 反应是一种可逆反应,并且正反应无需溶剂、催化剂,反应条件也非常温和并且无副产物。正反应在低温下进行,逆反应在高温下或者外力作用下进行。所以,被破坏的聚合物网络可以通过这种 DA 反应进行修复[40,64]。

在 PLA 中通过 DA 反应引入可逆的交联点有效改善 PLA 韧性的同时,赋予 PLA 高性能的手段,如自修复性和形状记忆功能。因为这种可逆的交联结构是通过共价键构成,对于形状记忆方面,可为形状回复提供足够的回复力,保证形状记忆高分子具有良好的形状保持率和形状回复率。

目前,大多数关于 SMP 的研究还是基于非生物质的自修复高分子材料和形状记忆材料之上[167-171]，或者是同时拥有两种性能的非生物质材料[41]。但是基于 DA 反应的 PLA 基自修复材料或形状记忆材料的相比报道却很少。交联 PLA 具有比如耐热、耐溶剂、高强度、韧性的改进等，但是传统的交联 PLA 有一个普遍的问题，就是交联 PLA 的可加工性和再加工性不理想。因为大部分的 PLA 交联聚合物都依靠多功能团的多元醇或多元酸构建而成，具有星形结构嵌段共聚物为单元形成具有网络结构的高分子，以致它们在一般 PLA 的加工温度下（T_m 以上）仍然很稳定，是典型的热固性高分子。若进一步提高温度则破坏网络化学键的可能性增加，这大大限制了交联 PLA 的应用。对于通过 DA 可逆化学交联点来说，可逆交联点为聚合物提供了高温下的可塑性，但常温的使用温度下却保持着热固性高分子的优异性能，如耐溶剂、高强度和韧性等；同时，可逆交联点为聚合物提供了多次回收利用和改变固有形状的可能性。在前面的研究中，通过一种简单的合成方法制备了基于 DA 反应的生物质自修复材料 PFS/M。原料为来源于纤维素的 HMF，通过还原反应得到可用于高分子合成的 BHF 单体。通过 BHF 与 SA 的缩合反应得到主链上具有呋喃基团的聚合物 PFS，值得一提的是，PFS 的两个聚合物组分都可以从生物质中获得。最后经过 PFS 与 M₂ 的交联反应得到自修复网络聚合物 PFS/M。这种聚合物具有可控的力学性能和优异的自修复性能。因此，考虑将 PFS 链段引入 PLA 会是一种有效赋予 PLA 高性能的手段，如可控的力学性能、自修复性能和形状记忆功能等。

6.2　实　验　部　分

6.2.1　原材料与实验设备

本章所用的主要实验原料和实验设备见表 6-1 及表 6-2。

表 6-1　实 验 原 料

名　称	级　别	生 产 厂 家
羟甲基糠醛（HMF）	分析纯	东京化成工业株式会社
硼氢化钠	分析纯	Aldrich
琥珀酸（SA）	分析纯	东京化成工业株式会社
盐酸	分析纯	东京化成工业株式会社
甲醇	分析纯	和光纯药工业株式会社

续　表

名　　　称	级　别	生　产　厂　家
氯仿	分析纯	和光纯药工业株式会社
无水硫酸镁	分析纯	东京化成工业株式会社
乙酸乙酯	分析纯	和光纯药工业株式会社
二氯甲烷	分析纯	和光纯药工业株式会社
N,N-二甲基-4-氨基吡啶(DMAP)	分析纯	东京化成工业株式会社
N,N′-二异丙基碳二亚胺(DIC)	分析纯	东京化成工业株式会社
三甘醇二胺	分析纯	东京化成工业株式会社
马来酸酐	分析纯	东京化成工业株式会社
乙酸酐	分析纯	东京化成工业株式会社
乙酸钠三水合物	分析纯	东京化成工业株式会社
丙酮	分析纯	和光纯药工业株式会社
三乙胺	分析纯	东京化成工业株式会社
无水四氢呋喃	分析纯	东京化成工业株式会社

表 6-2　实　验　设　备

设　备　名　称	型　　号	生　产　厂　家
热压机	2XZ-4	日本 Imoto
玻璃聚合装置	—	实验室设计
电子天平	XS205 DualRange	METTLER TOLEDO
真空干燥箱	DX 400	Yamato 株式会社
旋转蒸发仪	V-850	瑞士步琦(BUCHI)有限公司
拉伸机	EZ Test	Shimadzu

6.2.2　实验步骤

6.2.2.1　制备羟基封端聚乳酸(PLA)

1-丙交酯(10.0 g,69.4 mmol)通过乙二醇(0.22 g,3.46 mmol)和少量催化剂引发。在氮气气氛和 120℃条件下,搅拌 24 h 后,得到的产物经过氯仿溶解和过量甲醇沉淀,过滤得到白色固体 PLLA (9.2 g, 92.0%,M_n=3 200 g/mol (^{1}H NMR), M_n=4 000 g/mol (GPC), M_w=5 040 g/mol, PDI=1.26),见图 6-1。

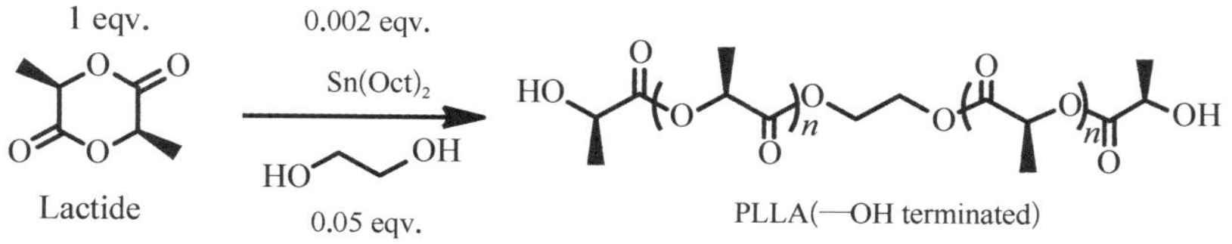

图 6-1　羟基封端 PLLA 制备示意图

6.2.2.2　制备聚乳酸基嵌段共聚物(PFSLA)

在氮气气氛下,BHF (1 g,7.80 mmol) 与 SA(0.92/0.94/0.99 g)和 PLLA (0.14/0.56/2.4 g,0.035/0.14/0.56 mmol)添加到 20 mL 脱水二氯乙烷中,进行混合。然后向反应体系中缓慢添加 5.70 g N,N-二甲基-4-氨基吡啶(DMAP)和 5.88 g N,N'-二异丙基碳二亚胺。反应在室温下进行一天后,溶剂被挥发掉,产物经过沉淀和过滤提纯。LA/BHF 重复单元比例设计为 1/1,1/4 或 4/1,COOH/OH＝1/1,实际的嵌段共聚物组分通过 ^{1}H NMR 计算并列于表 6-3 中。只含有 PLLA 和 SA 组分的共聚物也按照上述制备方法制备而得,作为参照物来决定嵌段共聚物的结构。

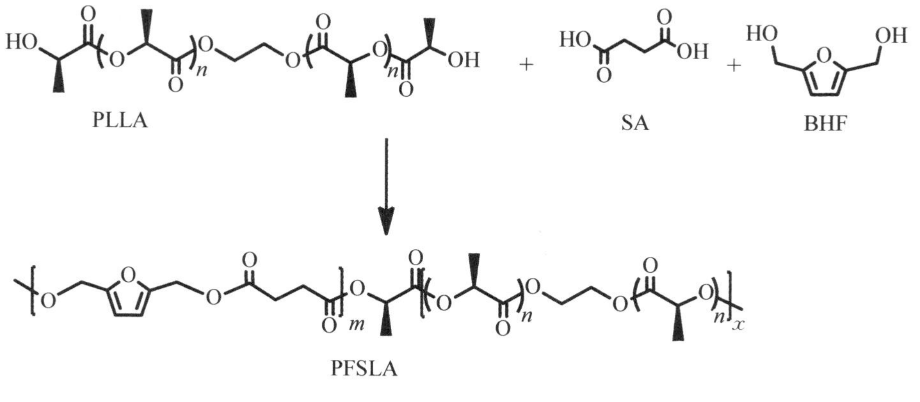

图 6-2　聚乳酸嵌段共聚物(PFSLA)制备示意图

表 6-3　嵌段聚合物的实际的组分比例和分子量结果

Samples	BHF	LA	SA	M_n/(g·mol^{-1})	PDI	Yield
PFSLA-4/1	3.51	1	3.77	5 000	1.82	52%
PFSLA-1/1	1	1.19	1.06	9 400	1.36	78%

Samples	BHF	LA	SA	$M_n/(\text{g} \cdot \text{mol}^{-1})$	PDI	Yield
PFSLA - 1/4	1	4.95	1.18	14 600	1.63	85%
PLLA/SA	—	52.6	1	23 000	1.38	93%

6.2.2.3 制备聚乳酸基网络聚合物(PFSLA/M)

PFSLA 和 M$_2$ 共混物(F/M=2/1,3/1,4/1 或 6/1)溶于氯仿中,用于溶液成膜,如图 6-3。薄膜夹在两个铝片之间(0.2 mm 厚)进行热压,热压温度为 130℃,压力为 5 MPa,时间为 5 min。热压过后,样品被淬火至 40℃并保温 3 h,最后在室温下经过 24 h 放置以确保 DA 反应的充分进行。PFSLA - 1/1 与 M$_2$ 制备的自修复聚合物表示为 PFSLA/M - x/1,x=2,3,4,6。

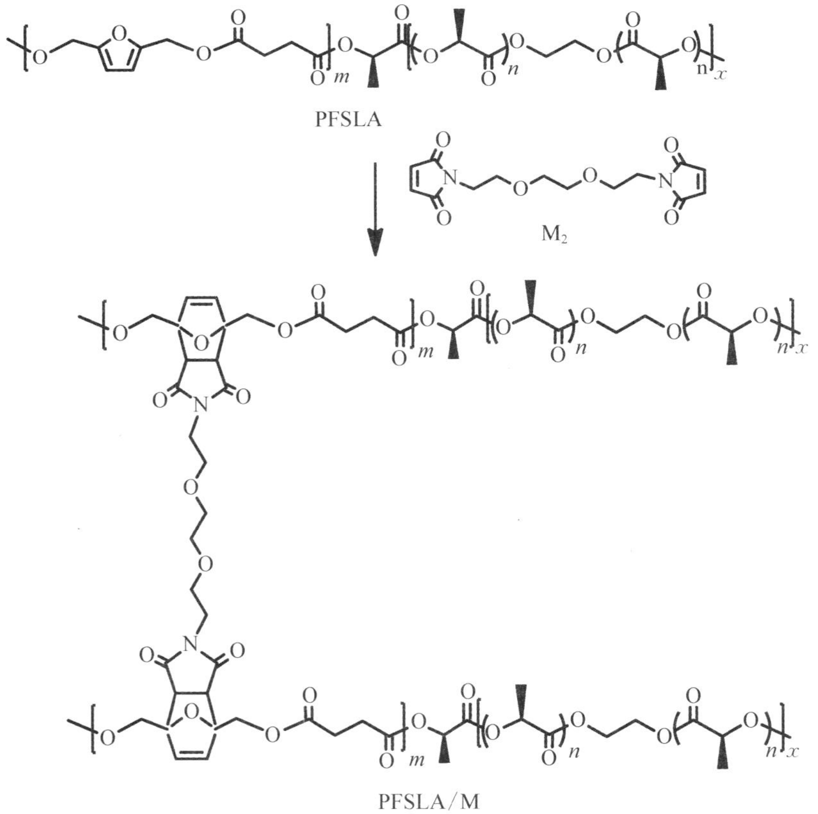

图 6-3 聚乳酸基自修复聚合物(PFSLA/M)制备示意图

6.2.3　测试与分析

6.2.3.1　核磁共振分析(NMR)

样品氘代氯仿溶液的 ^{1}H NMR 和 ^{13}C NMR 光谱通过 400 MHz JEOL JNM-AL400 光谱仪获得。

6.2.3.2　差示扫描量热(DSC)

差示扫描量热法(DSC)在 Seiko EXSTAR6000 上进行。2～5 mg 的样品被放在铝制小锅内,温度以 10℃ · min^{-1} 的速率从 $-$40℃ 升高到 150℃ 或 200℃。

6.2.3.3　衰减全反射红外光谱(ATR-FTIR)

衰减全反射红外光谱(ATR-FTIR),测试在装备有 ZnSe 晶体的 Thermo Scientific Nicolet IS10 傅里叶变换红外光谱仪上进行。红外光谱波数范围为 600～3 800 cm^{-1},分辨率为 2 cm^{-1}。吸收峰强度通过 OriginPro8 软件计算。

6.2.3.4　拉伸性能测试

聚合物的力学性能通过 Shimadzu EZ Test 拉伸机在室温下进行,拉伸速率为 5 mm/min。根据 JIS K 7113 描述的哑铃状试样(有效区域：7.0 mm×1.4 mm×0.16 mm)被用于拉伸实验中。每次拉伸实验都重复 4 次以上,所得平均值用于本章的数据以确保可重复性。

6.2.3.5　动态力学性能分析(DMA)

动态力学性能分析(DMA)在 SII EXSTAR DMS6100 设备上进行。聚合物首先在高于 T_g 高温的形变温度(T_d=65℃)和外力作用下发生形变,然后这个形变在 T_g 以下的温度(T_f=0℃)被固定,固定时间为 10～20 min。当聚合物被再次加热到 T_g 以上时(T_r=25℃,35℃,45℃ 或 65℃),聚合物又恢复到原始形状。

6.2.3.6　自修复实验

在自修复试验中,进行完拉伸试验的哑铃型样品的断面被重新黏合在一起,水平放置。并在室温条件下保持断面接触 1～10 天。这个接触的过程是不依靠任何外力的。

6.3 结果与讨论

6.3.1 PFSLA 核磁分析

PFS,PFSLA 和 PLLA 的[13]C NMR 图谱如图 6-4。在图 6-4(a)中,各个主要化学结构都可以找到相应的信号峰。因为 PLLA 为羟基封端的大分子二醇,BHF 为二元醇而 SA 为二元酸,PLLA 嵌段可能与 PFS 嵌段相连,也可能与 SA 相连;而 PLLA 与 BHF 二元醇不可能相连。所以就存在两种嵌段连接方式,第一种为分子设计时希望得到的结构,即 PFS 与 PLLA 相连方式;第二种为 PLLA 嵌段被 SA 扩链的方式,即 PLLA 与 SA 相连的方式。

化学位移位于 170×10^{-6} 处的信号峰代表羰基结构,并且能够帮助确定

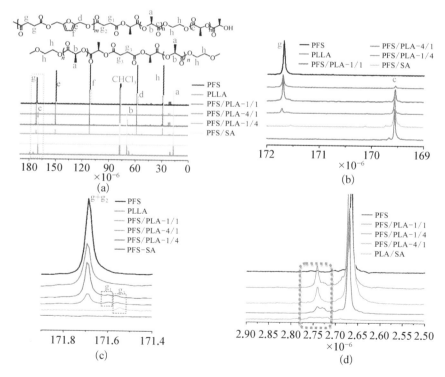

图 6-4

(a) PFS,PLLA,PLLA/SA 和 PFSLA 嵌段共聚物;(b) ^{13}C NMR 图谱 169~172 ppm 部分的放大图;(c) 171.4~171.9 ppm 部分的放大图;(d) ^{1}H NMR 图谱的 2.50~2.90 ppm 部分

PFSLA 中嵌段的连接方式,如图 6 - 4(b)所示。可以看到,g 峰属于 PFS 中 SA 重复单元上的羰基结构,可以看到 g 峰随着 PLA 含量的增多相对强度逐渐减小。另一方面,c 峰属于 PLA 重复单元中的羰基结构,其强度随着 PLA 含量的增高而增强。从图 6 - 4(c)中可以看到,位于 171.7×10^{-6} 处的信号峰 $g+g_2$ 的附近还存在两个强度较弱的信号峰 g_1,g_3。g_1 和 g_3 信号峰在 PFSLA - 4/1 和 PFS 的图谱中难以观察到,但在 PFSLA - 1/1 和 PFSLA - 1/4 中却非常清晰,表明 g_1 和 g_3 属于连接聚合物嵌段的 SA 中的羰基结构。而这些嵌段可以是 PFS 和 PLLA 的 SA 中的羰基结构,或只是连接 PLLA 的 SA 中的羰基结构。

从图 6 - 4(c)中也可以发现,g_1 峰在 PFS/SA 图谱难以观察到,表明 g_1 峰属于连接 PFS 和 PLLA 链段的 SA 羰基结构,g_3 属于连接 PLLA 的 SA 的羰基结构。基于以上结果,可以得出 PFSLA 为嵌段共聚物。另外,通过 ^1H NMR 图谱可以看到,PFS 与 PLA - SA 聚合物中在 2.75×10^{-6} 左右都没用明显的信号峰,而 PFSLA 共聚物却都有着明显的信号峰,见图 6 - 4(d),这正证实了 PFS 和 PLLA 链段的连接,为 PFSLA 是嵌段共聚物提供了有力证据。

6.3.2　PFSLA,PFSLA/M 的红外分析

由图 6 - 5(a)可以看到,位于 1 760 cm^{-1} 处的羰基吸收峰为 PLLA 嵌段的羰基吸收峰,位于 1 730 cm^{-1} 和 1 700 cm^{-1} 处的羰基吸收峰分别为 PFS 嵌段和马来酰亚胺基团上的羰基吸收峰。可以看到,1 700 cm^{-1} 处属于马来酰亚胺基团上的羰基吸收峰随着马来酰亚胺含量的增高而增强。未反应的马来酰亚胺 C═C 键吸收峰位于 700 cm^{-1} 附近,并随着 DA 反应的进行强度逐渐减小,见图 6 - 5(c)。即使当 DA 反应达到平衡,仍然有一部分马来酰亚胺基团处于未反应的状态,见图 6 - 5(b),并且随着交联密度的增加这个峰的强度越高,表明交联结构降低了分子运动性,阻碍了马来酰亚胺基团与呋喃基团之间的结合。

6.3.3　PFSLA 及聚乳酸基自修复聚合物(PFSLA/M)热学性能

具有不同 LA/BHF 比例的共聚物及 PFS 和 PLLA 的 DSC 结果见图 6 - 6,共聚物的 T_g 随着 LA 含量的升高而升高,并且聚合物结晶能力随着 PFS 链段交联含量的引入明显下降。考虑到 LA/BHF 的比例,过高的 LA 比例会降低聚合物体系中呋喃基团浓度,导致可逆交联部分下降从而降低自修复性能。过低的 LA 比例,又会过度降低聚合物中乳酸含量。于是选用 PFSLA - 1/1 进行进一步研究,见图 6 - 7。当 PFSLA - 1/1 与 M_2 交联后,在低交联度下的 T_g 要低于

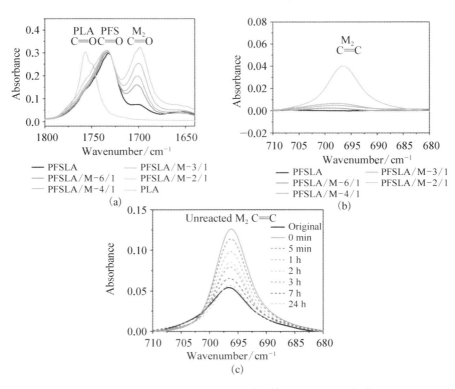

图 6‑5   PLLA,PFSLA,PFSLA/M 的 ATR‑FTIR 光谱

(a) 羰基吸收峰区域;(b) 未反应的 M_2 吸收区域;(c) 在 Diels‑Alder 反应过程中 PFSLA/M‑2/1 的 ATR‑FTIR 光谱,未反应的 M_2 峰区域

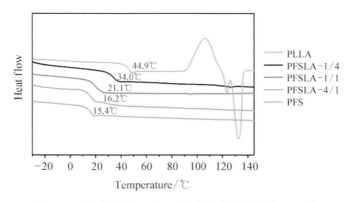

图 6‑6   具有不同 LA/BHF 比例的嵌段共聚物,PFS 和 PLLA 的 T_g,数据通过 DSC 2nd 扫描获得

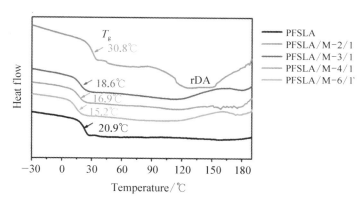

图 6 - 7　T_g of PFSLA - 1/1 嵌段共聚物及其交联后的网络聚合物,数据通过 DSC 1st 扫描获得

PFSLA - 1/1,并且随着交联度的上升,T_g 也随之上升,这些与之前的研究结果一致。交联后的 PFSLA/M 交联度随 F/M 的升高依次降低,T_g 也依次降低,DSC 曲线中没有观察到熔点或结晶峰。说明呋喃与马来酰亚胺之间的交联有效地抑制了 PFSLA 分子结晶的形成。T_g 低于室温,对于提高分子在室温下的运动性有很重要的作用,这也为自修复和热塑性弹性体材料的制备提供了有利条件。同时,也可以注意到 F/M 比为 6/1 以下的样品 T_g 低于 PFS 的 T_g,交联反倒引起 T_g 的下降。这是由于 M_2 分子扰乱了 PFS 中呋喃基团的重叠并因为交联增加了 PFS 分子之间的分子间距,导致体系中自由体积增加,从而降低了 T_g。

6.3.4　PFSLA/M 的形状记忆性

PFSLA/M 的形状记忆性能通过形状固定率(R_f)和形状回复率(R_r)两个参数来进行评价。R_f 是代表聚合物保持临时形变能力的参数,R_r 是代表聚合物回复到固有形状能力的参数。它们通过公式(5 - 2)和(5 - 3)计算得出[60]。

样品首先在 30℃下发生 18% 的应变,在外力持续作用下保持应变并冷却到 0℃ 以保持临时形变,然后移除外力并加热到 30℃ 以触发形状回复。PFSLA/M 表现出优异的形状记忆性能,R_f 和 R_r 分别达到 97.3% 和 96.3%(图 6 - 8)。

热压过程完成后,得到的 PFSLA/M 薄膜被剪成十字形状。随后,A 区域被折叠,而 B 区域保持不变。然后样品被置于 40℃ 烘箱中 3 h,室温下 72 h 以确保 DA 反应的充分进行。最后得到如图 6 - 9 所示的固有形状。

在形状记忆实验中,样品首先在 45℃ 和外力作用下发生临时形变,在外力

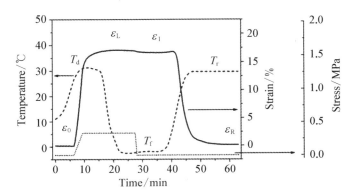

图 6‐8　PFSLA/M‐6/1 的形状记忆性能,形变温度(T_d)30℃,形状
恢复温度(T_r)30℃和形状固定温度(T_f)0℃

仍然保持作用的条件下将样品浸没入 0℃的冰水中,并保持 1 min 左右。然后撤掉外力,样品在低温下能够很好地保持临时形变,见图 6‐9。然后将样品依次在热台上加热到 45℃以触发样品的从临时形变到固有形状的形状回复。

从图 6‐9 中可以看到,PFSLA/M 样品的 A 和 B 区域表现出不同的形状回复方向。因为 A 和 B 区域具有不同的固有形状从而表现出完全相反的形状回复方向。另外,PFSLA/M 的固有形状可以经过一个简单的热压过程改变,也就

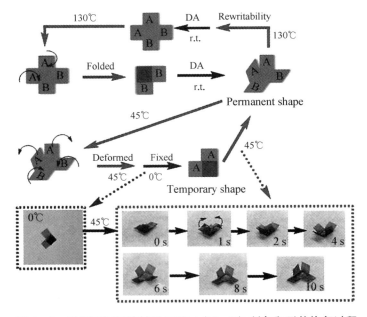

图 6‐9　形状记忆测试样品 PFSLA/M‐6/1 制备和形状恢复过程

是 PFSLA/M 样品的不同区域的固有形状可以根据实际需要通过 DA 反应和 DA 逆反应设计和改变。

6.3.5　PFSLA/M 的力学与自修复性能

从图 6-10 可以看出，PFSLA/M 的力学性能与 F/M 比密切相关。具有相对低交联密度的 PFSLA/M-6/1 表现出 400% 以上的断裂伸长率。随着 M_2 含量的增高，拉伸强度逐渐上升，断裂伸长逐渐减小。PFSLA/M-2/1 的断裂伸长达到 28 MPa 左右。可以看到，通过控制 M_2 的含量，PFSLA/M 的力学性能得到很好地调节。

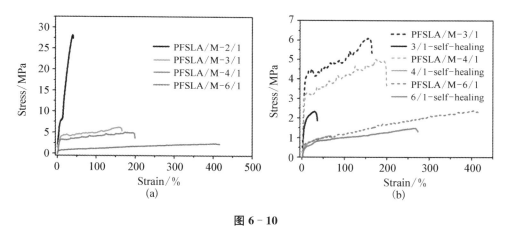

图 6-10

（a）具有不呋喃/马来酰亚胺比例的 PFSLA/M 应力-应变拉伸曲线；（b）自修复 5 天后的 PFSLA/M 及其原始样品应力-应变拉伸曲线

表 6-4　PFSLA/M 的力学与热学数据

Sample	T_g^a/℃	Young's modulus /MPa	ultimate strength /MPa	elongation at break	toughness[c] /10^4(J·m^{-3})
PFSLA/M-2/1	30.8	1 778±170	27.2±5.8	40.1%±5.4%	633±76
PFSLA/M-3/1	18.6	897±47	6.3±1.2	158.3%±8.8%	800±86
PFSLA/M-4/1	16.9	749±56	5.1±1.1	189.9%±10%	803±93
PFSLA/M-6/1	15.2	263±31	2.4±0.4	407.1%±35%	678±45
PFSLA/M-3/1 self-healed	—	460±67	2.4±0.6	28.5%±2.6%	69.3±5.5

Sample	$T_g{}^a$/℃	Young's modulus /MPa	ultimate strength /MPa	elongation at break	toughness^c /10^4(J・m^{-3})
PFSLA/M-4/1 self-healed	—	214±34	1.1±0.3	62.3%±4.6%	60.0±7.6
PFSLA/M-6/1 self-healed	—	159±23	1.47±0.4	255%±43%	290±45

ª T_g通过 DSC 第一次曲线获得。

PFSLA/M 的自修复实验在室温下进行。可以看到,修复性随着 M$_2$ 含量的降低逐渐提高。当 F/M 比为 2/1 时,聚合物没有自修复的迹象,当 F/M 比为 6/1 时,PFSLA/M 表现出较好的修复性,断裂伸长的回复率达到 65.2%,拉伸强度达到 61.7%。因为在 F/M 比较高时,样品断面含有较多自由呋喃基团,这大大增加了断面生成的马来酰亚胺重新连接上呋喃的概率,并且由于交联度较低,分子运动性较大,有利于分子自身调整,从而增加马来酰亚胺和呋喃之间 DA 反应发生概率。另外,PFSLA 的嵌段结构也对呋喃和马来酰亚胺之间 DA 反应的发生有影响,因为 DA 反应只能在 PFS 嵌段上发生,PFS 链段含量过少会直接导致呋喃与马来酰亚胺之间的再结合变困难,从而导致修复性下降。所以,在尽可能提升 PLLA 链段含量的同时,也要考虑到其对自修复性能的影响。

为了研究不同 PLA 含量的 PFSLA/M 的自修复性,使用 PLA 链段含量不同的 PFSLA 聚乳酸共聚物与 M$_2$ 进行交联制备聚乳酸基自修复材料,呋喃与马来酰亚胺的比例都设定为 6/1(F/M=6/1),分别表示为 PFSLA/M-1-4(聚乳酸共聚物为 PFSLA-1/4),PFSLA/M-1-1(聚乳酸共聚物为 PFSLA-1/1),PFSLA/M-4-1(聚乳酸共聚物为 PFSLA-4/1)。

DSC 测试结果可以看到,见图 6-11(a),对于 PFSLA/M-1-4,聚合物中 PLA 链段含量较高时,能够形成可逆交联点的部位减少,PLA 链段进行结晶,这也可以从 DSC 取向中明显的熔融峰看出。另外,曲线中出现的两个 T_g 表明聚合物中存在一定的微相分离,4.8℃ 出现的 T_g 所属 PFS 链段,40℃附近出现的 T_g 所属 PLA 链段。随着 PFS 链段的增加,可交联部分增加,T_g 随之上升,并且交联的存在有效抑制了 PLA 链段的结晶行为。

使用注射器针头在聚合物表面产生几十微米宽的"伤口",如图 6-11(b),(e),(h)。随后对样品的划痕进行观察。自修复过程在室温下进行,并且没有任何外力

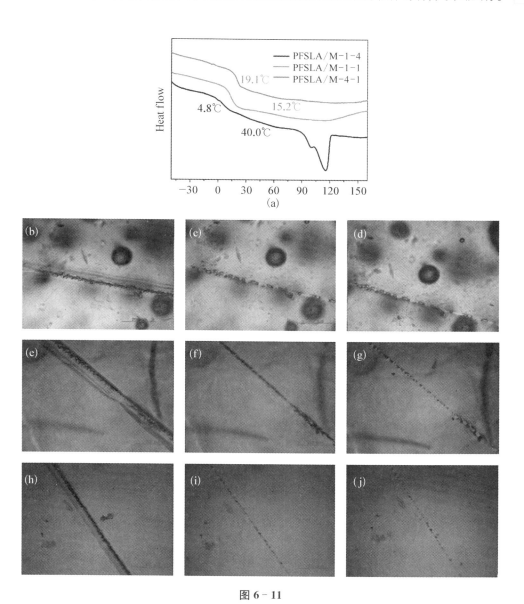

图 6-11

(a) PFSLA/M-1-4,PFSLA/M-1-1 和 PFSLA/M-4-1 (F/M=6/1)的 DSC 曲线;室温自修复过程图片;(b-d) PFSLA/M-1-4;(e-g) PFSLA/M-1-1;(h-j) PFSLA/M-4-1;(b,e,h) 自修复前;(c,f,i) 室温自修复 1 天后;(d,g,j) 室温自修复 1 周后

的影响,如压力等,观察时间分别为 1 天和 1 周。对于 PFSLA/M-4-1 样品来说,可以看出,划痕区域展现出有效的自愈行为,仅一天的室温修复划痕区域变浅并变得模糊,接近完全愈合的状态。经过 1 周的室温自修复后,划痕进一步修复,

但与一天的修复效果相差不大。对于 PFSLA/M-1-1,当 PLA 链段增多,一天的自修复效果仍然很明显,一周后划痕变得模糊。当 PLA 链段含量进一步增多,可以看到自修复效果降低。基于室温自修复的结果,可以得出聚乳酸基自修复材料中聚合物 PFS 含量对自修复性起到至关重要的作用。另外,预期在温度升高的条件下可进一步促进愈合的效果。

6.4 本 章 小 结

本章研究中,成功制备了基于 PLA 和 PFS 的聚乳酸基嵌段共聚物 PFSLA。并通过 PFSLA 与 M_2 的 DA 反应得到具有自修复和形状记忆功能的 PLA 基热塑性弹性体 PFSLA/M。

(1) 通过 ^{13}C NMR 证实了聚乳酸共聚物分子结构为嵌段聚合物。

(2) 共聚物的 T_g 随着 LA 含量的升高而升高,且聚合物结晶能力随着 PFS 链段交联含量的引入明显下降,随着交联度的上升,T_g 也随之上升,交联后的 PFSLA/M 交联度随 F/M 的升高依次降低,T_g 也依次降低。DSC 曲线中没有观察到熔点或结晶峰,说明呋喃与马来酰亚胺之间的交联有效抑制了 PFSLA 分子结晶的形成。T_g 低于室温,对提高分子在室温下的运动性有很重要的作用,也为自修复和热塑性弹性体材料的制备提供了有利条件。

(3) 通过调节 M_2 的含量,热塑性弹性体的力学性能控制在一个很广的范围内。PFSLA/M 的力学性能与 F/M 比密切相关。具有相对低交联密度的 PFSLA/M-6/1 表现出 400% 以上的断裂伸长率,随着 M_2 含量的增高,拉伸强度逐渐上升,断裂伸长逐渐减小。PFSLA/M-2/1 的断裂伸长达到 28 MPa 左右。

(4) PFSLA/M 展现出很好的自修复性能,断裂伸长的回复率达到 65.2%,拉伸强度达到 61.7%。随着 PLA 链段含量增多,聚合物自修复效果降低。基于室温自修复的结果,可以得出聚乳酸基自修复材料中聚合物 PFS 含量对自修复性起到至关重要的作用。

(5) 在形状记忆性能方面,R_f 和 R_r 分别达到 97.3% 和 96.3%。PFSLA/M 样品的不同区域的固有形状可以根据实际需要,通过 DA 反应和 DA 逆反应设计和改变,为达到更加复杂的形状和更多可变的形状提供了可能。

(6) 通过将自修复分子结构引入 PLA 中,很好地改善了 PLA 的韧性,并赋予了 PLA 以自修复性能和形状记忆性能,拓宽了 PLA 材料在更多领域应用的可能性。

第7章
总结与展望

7.1 总　结

本书以开发出适用于工业化生产的生物质高性能材料为目标,从聚乳酸共聚扩链、热降解、共混改性、呋喃生物质聚合物的自修复性和形状记忆多方面入手,研究和讨论了通过直接缩聚和异氰酸酯扩链制备聚乳酸基热塑性弹性体(PLAE)的工艺、分子结构对其性能影响、热降解性的机理及影响因素、PLAE对聚乳酸共混改性聚乳酸的性能,以及相结构和相容性等方面的内容。除此之外,进行了生物质自修复材料和生物质形状记忆材料的研究,讨论分子结构对力学性能及自修复性能的影响。将自修复分子结构引入聚乳酸后得到的聚乳酸基自修复材料的自修复性等方面的研究。主要结论如下:

1. 聚乳酸的共聚扩链及性能研究

(1)采用直接熔融缩聚工艺制备了双羟基封端聚乳酸共聚预聚物(PLAG),PLAG 的特性黏数随反应时间的延长和反应温度的提高而提高,而酸值则呈下降的趋势。

(2)以 HDI 为扩链剂,采取熔融扩链工艺对预聚物进行扩链,大幅提高了预聚物的分子量。预聚物酸值越低,所得 PLAE 特性黏数越高。当 NCO/OH 比例大于 1.2 时,PLAE 的特性黏数迅速大幅提升,继续增加 NCO/OH 比例,则会造成凝胶含量急剧上升。

(3)DSC 和 POM 观察结果表明,PLAE 仍然为半结晶聚合物,结晶性能比 PLAG 大大下降;PLAE-20 的 T_g 已经接近室温,可望作为热塑性弹性体使用。

(4)力学测试表明,PLAE 的断裂伸长率为 PLA 均聚物的 100 倍以上,冲击强度 5 倍以上。

（5）聚乳酸链段的热分解温度在 260℃附近，PTMEG 链段的热分解温度在 330℃附近。PLAG 和 PLAE 的热稳定性明显受到体系中残余 Sn 催化剂量的影响。未添加催化剂的聚合物体系比添加 0.5 wt％催化剂体系的热失重起始温度要高出 100℃左右。降低体系中 Sn 催化剂含量有助于增高 PLAG 的热稳定性。活化能 E_a 随催化剂用量的降低明显的上升，随着 PTMEG 增加而降低。

2. 聚乳酸基热塑性弹性体及其共混增韧聚乳酸研究

（1）PLA 通过与 PLA 基新型热塑性弹性体 PLAE100 进行共混制备具有不同 PLA 含量的 PLA 共混物。DSC 的结果表明，PLAE100 和 PLA/PLAE 共混物存在相分离结构，共混物曲线中存在两个 T_g。

（2）PLAE100 含量较低的共混物，如含 10 wt％～30 wt％ PLAE100 的共混物在拉伸强度和断裂伸长率方面都相较 PLA 有明显的提高。PLAE10 表现出明显的力学强度的提升，其拉伸强度超过 100 MPa，断裂伸长达到近 30％，而纯 PLA 的断裂伸长率仅为 4.9％。

（3）AFM 和 SEM 等观察发现，PLAE100，PLA/PLAE 共混物基体中存在纳米尺度的相分离区域，通过氢键连接的硬段（HDI－BDO）与 PLAE100 中 PTMEG 链段产生明显的微相分离结构。在 SEM 观察中发现，PLAE100 低含量的共混物样品的断面呈现粗糙表面，并存在纤维状的分子取向结构，这些结构的形成在拉伸断裂的过程中吸收外界能量，在增韧 PLA 方面发挥了重要作用。

（4）动态力学分析结果表明，PLAE100 含量较高的 PLA/PLAE 共混物的储能模量平台（E'）相对于 PLAE100 含量较低的 PLA/PLAE 共混物处于较低的数值。随着共混物中 PLAE100 含量的降低，E' 平台逐渐升高。PLAE100 为分散相，PLA 作为基底的共混物相结构更有利于改善共混物的力学性能。少量的 PLA 热塑性弹性体即可达到良好的增韧效果，降低了成本。

3. 生物质自修复热塑性弹性体的制备与性能研究

（1）通过 HMF 的还原产物 BHF 与琥珀酸 SA 的缩聚反应，制备一种主链上具有呋喃基团的生物质来源的聚合物 PFS，通过马来酰亚胺与其主链上呋喃基团的 Diels－Alder 反应交联，制备的生物质室温自修材料 PFS/M。通过调节聚合物体系中 M_2 的含量，力学性能可以被控制在一个很宽的范围内。

（2）当被拉伸断裂，断面表面能够再次愈合，并且不需任何外界辅助条件（如压力、高温、溶剂、UV 辐射等），自修复完全在室温下进行。M_2 溶液和氯仿溶剂的辅助修复能够明显提高修复率。修复率随着呋喃/马来酰亚胺（F/M）比的增高而上升，具有高 F/M 比的 PFS/M，在各种修复条件下，整体具有优异的修复性能。通过具有三甘醇结构马来酰亚胺交联的 PFS/M-6/1 表现出优异的修复性能,自修复条件下达到 75% 的修复率,在氯仿溶剂和 70 mg/mL M_2 溶液修复条件下达到超过 90% 的修复率。这表明,F/M 比是 PFS/M 自修复材料修复率的决定性因素,F/M 比决定自由呋喃含量和 PFS 的分子运动性。这也是首例基于呋喃和马来酰亚胺的室温自修复材料。

(3) 通过 5 种具有不同分子结构的 M_2 与 PFS 进行 DA 反应,成功合成了 5 种具有自修复功能的网络聚合物 PFS/Mx。M_2 的分子结构对 PFS/Mx 的 DA 反应的反应程度、力学性能和修复性能都有重要的影响。M_2 中的苯环结构倾向于提高 PFS/Mx 的拉伸强度,但会阻碍自修复过程的进行;另一方面,M_2 中的柔软链段,如长烷烃链段或三甘醇结构,倾向于提升 PFS/Mx 的断裂伸长率并促进自修复过程的进行。在分子设计阶段,M_2 分子结构的可选择性为 PFS/Mx 的力学性能和修复性能的可控性提供了一种有效的手段。这种通过 Diels-Alder 反应制备的具有可逆化学键的自修复材料,具有如可控的力学性能、自修复网络分子结构和热可逆性带来的热塑性。通过将这种分子结构引入 PLA 分子中,有望有效地改进 PLA 的韧性,并且赋予 PLA 以许多新的高性能,如自修复性、可逆化学键带来的一般网络聚合物所不具备的热塑性等。

4. 生物质形状记忆聚合物的制备与性能研究

(1) 通过控制 M_2 溶液浓度,PFS/M 的 T_g 可以被控制在 17℃~53℃ 的范围内。这种 SMP 可以具有 4 个临时形变,并且从临时形变 1 到固有形变可以遵循多种回复路径。

(2) 当 PFS/M 的不同区域同时被触发回复到固有形状时,它们的形状回复速度是不同的。对于 PFS/M 这种 SMP,样品不同的区域的形状回复过程可以在不同温度下被触发,并且形状回复的温度和区域可以通过控制 M_2 浓度、人工选择等手段自由选择和调节。

(3) PFS/M 的 SMP 不需要复杂的分子设计,合成方法也相对简单。外部刺激为温度,这也是最为简便的外部刺激手段。另外,其固有形状可以在高温下经过简单的热压过程多次重置,根据实际需要调节。

5. 具有自修复和形状记忆功能的聚乳酸基热塑性弹性体的制备与性能研究

(1) 成功制备了基于 PLA 和 PFS 的聚乳酸基嵌段共聚物 PFSLA。通过 ^{13}C NMR 证实了聚乳酸共聚物分子结构为嵌段聚合物。

(2) 共聚物的 T_g 随着 LA 含量的升高而升高,并且聚合物结晶能力随着

PFS 链段交联含量的引入明显下降,随着交联度的上升,T_g 也随之上升,交联后的 PFSLA/M 交联度随 F/M 的升高依次降低,T_g 也依次降低。DSC 曲线中没有观察到熔点或结晶峰,说明呋喃与马来酰亚胺之间的交联有效地抑制了 PFSLA 分子结晶的形成。

(3) 通过调节 M_2 的含量,热塑性弹性体的力学性能能够控制在一个很广的范围内。PFSLA/M 的力学性能与 F/M 比密切相关。具有相对低交联密度的 PFSLA/M - 6/1 表现出 400% 以上的断裂伸长率。随着 M_2 含量的增高,拉伸强度逐渐上升,断裂伸长逐渐减小。PFSLA/M - 2/1 的断裂伸长达到 28 MPa 左右。

(4) PFSLA/M 展现出很好的自修复性能,断裂伸长的回复率达到 65.2%,拉伸强度达到 61.7%。随着 PLA 链段含量增多,聚合物自修复效果降低。基于室温自修复的结果,可以得出聚乳酸基自修复材料中聚合物 PFS 含量对自修复性起到至关重要的作用。R_f 和 R_r 分别达到 97.3% 和 96.3%。通过将自修复分子结构引入 PLA 中,很好地改善了 PLA 的韧性,并赋予了 PLA 自修复性能和形状记忆性能,拓宽了 PLA 材料在更多领域应用的可能性。

本书研究的创新点主要有以下几个方面:

(1) 成功通过适用于工业化的直接缩聚,熔融扩链法制备了 PLA 热塑性弹性体。力学测试表明,PLAE 的断裂伸长率为 PLA 均聚物的 100 倍以上,冲击强度 5 倍以上。

(2) 通过 PLA 基热塑性弹性体增韧 PLA 达到比较理想的效果,如含 10 wt%～30 wt% PLA 热塑性弹性体的共混物在拉伸强度和断裂伸长率方面都相较 PLA 有明显的提高。PLAE10 表现出明显的力学强度的提升,力学测试表明其拉伸强度超过 100 MPa,断裂伸长达到接近 30%,而纯 PLA 的断裂伸长率仅为 4.9%。

(3) 通过生物质来源呋喃单体成功制备世界首例基于呋喃/马来酰亚胺 DA 反应的室温自修复聚合物。这种材料力学性能能够控制在一个很宽的范围内,室温自修复条件下达到 75% 的修复率,在溶剂和 M_2 溶液修复条件下达到超过 90% 的修复率。

(4) 研究发现马来酰亚胺分子结果对自修复材料的力学性能和自修复性能都有显著的影响,苯环结构有助于提高聚合物拉伸强度,但倾向于降低自修复率;另一方面,柔软长链有助于提高聚合物断裂伸长率并且倾向于提高自修复率。

（5）成功制备了一种不需要复杂的分子设计、合成方法也相对简单的多形状记忆聚合物。临时形变个数和部位可以方便地进行调节，外部刺激为温度。另外，其固有形状可以在高温下经过简单的热压过程多次重置，根据实际需要调节。

（6）将自修复性能和形状记忆性能引入 PLA，得到在一个很广的范围内力学可控 PLA 基材料。这种材料展现出较好的自修复性能，断裂伸长的回复率达到 65.2%，拉伸强度达到 61.7%。但随着 PLA 链段含量增多，聚合物自修复效果降低。形状记忆方面，R_f 和 R_r 分别达到 97.3% 和 96.3%。通过将自修复分子结构引入 PLA 中，改善了 PLA 韧性，赋予其自修复性能和形状记忆性能，拓宽了在更多领域应用的可能性。

7.2　进一步工作

本书主要从共聚扩链、热降解、共混改性、自修复性和形状记忆多方面对 PLA 基材料和生物质材料的合成及性能进行了较系统的研究，但仍有许多有待补充和尝试的工作。

（1）直接熔融缩聚法制备 PLA 简便、节约成本、环保等优势，但催化剂含量与缩聚时间是一个有待解决的问题。因为，增加催化剂含量减少缩聚时间的同时，会降低所得 PLA 聚合物的热稳定性，这在许多文献报道中并没有凸显出来，但在工业化生产中就变得尤其重要，因为工业化的产品制备中涉及熔融挤出、切粒、注塑成型等许多热加工过程。产品在多次热加工过程后，能否保持原有力学性质变成一个不能回避的重要问题，而缩聚过程中促进缩聚的锡类催化剂在热加工过程中却会反过来起到促进热降解的作用，所以减少锡类催化剂含量，适当延长缩聚时间是目前提高热稳定性的有效办法。但缩聚时间的增加势必会增加生产的成本，如增加电力、人力的投入、生产周期的延长等。所以考虑开发有效的、用于直接缩聚的非锡类催化剂成为一个非常有意义的课题。

（2）本研究中，PLA 热塑性弹性体引入了聚氨酯结构，而聚氨酯因组分多变性、分子结构的可设计性、硬段和软段间可调性、可设计性和优异的力学性等能成为改善聚乳酸材料的有力工具。另外，聚氨酯的力学强度和韧性等都很符合形状记忆材料的设计和性能要求，配合共聚的方法可以非常有效地改进形状记忆效应。例如，① PLA 热塑性弹性体中物理交联点含量对力学和形状记忆效应的影响,软段分子量对形状记忆的贡献程度,形状记忆效应的最佳温度条件等,建立这些参数与形状记忆效应的关系公式。② 利用分子设计和材料改性技术,优化材料的形状记忆性能,提高 PLA 基聚氨酯的综合性能。从改善 PLA 基聚氨酯链段结构等措施入手,微相分离越完善,聚氨酯 T_g 倾向于向软段的 T_g 靠拢,不完善的微相分离导致材料 T_g 的不确定性。所以在软段 T_g 确定的前提下,引入适宜的刚性硬段确保完善微相的发生是控制材料形变温度的有效手段。例如,使用更易形成聚氨酯硬段的含苯环结构的二异氰酸酯和二元胺(脲键形成-提高硬段之间氢键密度),其刚性的分子结构加上大量的硬度间氢键,将使得聚氨酯的微相分离结构更加完善,同时增加物理交联点的回复力。引入含有长链的聚醚或其他柔性链段,如高分子量的 PTMEG 与 PLA,形成聚酯聚醚聚氨酯结构,获得优异柔韧性的同时,在氧化和水解条件下都仍具有良好的降解性。③ 在材料改性技术方面,例如添加纳米材料增强 PLA 基聚氨酯的力学性能,引入少量改性碳纳米管(CNT)或纳米纤维素晶体(CNC)等增强记忆效应和力学性能等。

(3)随着越来越多的生物质材料成为研究的热点,纤维素来源的糠醛(HMF)为一种近年来备受关注的生物质化合物。它来源丰富,可以通过果糖、葡萄糖、蔗糖、纤维素等物质的脱水反应获得,并能够很方便地过氧化或还原,转化为其他用于高分子合成的单体。其衍生物可以赋予聚合物许多新颖的功能性,如呋喃环带来的 Diels - Alder 可逆反应性,并由此反应带来的自修复性和形状记忆性。PLA 结合其他生物质材料发展高端,高性能聚合物又会一条非常具有研究意义的方向。尽管目前国际上对这方面的 PLA 材料的报道还相当少。

将 PLA 的可循环利用、节能减排等优点与自修复性、形状记忆性等高性能结合起来,将会大大拓宽 PLA 的应用领域,如在高附加值的电子电器行业中,自愈外壳,自修复防划薄膜;在汽车、航空业中,如自修复油箱;电子电路的自修复绝缘外层,形状记忆温度感应器等。这将 PLA 从一直以来的生物医药等领域解放出来,让 PLA 材料更加造福于我们的生活。

参考文献

[1] Sodergard A，Scolt M. Properties of lactic acid based polymers and their correlation with composition[J]. Progress in Polymer Science, 2002, 27: 1123 - 1163.

[2] Lunt J. Large-scale production, properties and commercial applications of polylactic acid polymers[J]. Polymer Degradation and Stability, 1998, 59: 145 - 152.

[3] Ren J，Wang Q F，Gu S Y，et al. Chain-linked lactic acid polymers by benzene diisocyanate[J]. Journal of Applied Polymer Science, 2006, 99: 1045 - 1049.

[4] Ren J. Biodegradable poly (lactic acid): synthesis, modification, processing and applications[M]. Borlin: Springer, 2011.

[5] Lim L-T，Auras R，Rubino M. Processing technologies for poly(lactic acid)[J]. Progress in Polymer Science, 2008, 33: 820 - 852.

[6] 任杰. 可降解和吸收材料[M]. 北京：化学工业出版社,2003.

[7] 杨斌. 绿色塑料-聚乳酸[M]. 北京：化学工业出版社,2008.

[8] Gu S Y，Zhang K，Ren J，et al. Melt rheology of polylactide/poly(butylene adipate-co-terephthalate) blends[J]. Carbohydrate Polymers, 2008, 74(1): 79 - 85.

[9] 顾书英,詹辉,任杰. 聚乳酸/PBAT 共混物的制备及其性能研究[J]. 中国塑料,2006, 20(10): 39 - 42.

[10] Ajioka M，Enomoto K，Suziki K，et al. The basic properties of poly (lactic acid) produced by the direct condensation polymerization of lactic acid[J]. Bulletin of the Chemical Society of Japan, 1995, 68: 2125 - 2131.

[11] Martin O，Averous L. Poly(lactic acid)-plasticization and properties of biodegradable multiphase systems[J]. Polymer, 2001, 42: 6209 - 6219.

[12] Kim Y，Verkade J G. A tetrameric titanium alkoxide as a lactide polymerization catalyst [J]. Macromolecular Rapid Communications, 2002, 23: 917 - 921.

[13] Yasuda H. Organo transition metal initiated living polymerizations[J]. Progress in polymer science, 2000, 25: 573 - 626.

[14] Ejfler J, Kobylka M, Sobota P, et al. High molecular weight poly(L-lactide) and poly (ethylene oxide) blends: thermal characterization and physical properties[J]. Dalton Transactions, 2005, 42: 2047 – 2050.

[15] Kumar N, Ravikumar M N V, Domb A J. Biodegradable block copolymers. Advanced Drug Delivery Reviews, 2001, 53: 23 – 44.

[16] Takasu A, Narukawa Y, Hirabayshi T. Direct dehydration polycondensation of lactic acid catalyzed by water-stable lewis acids[J]. Journal of Polymer Science Part A: Polymer Chemistry, 2006, 44: 5247 – 5253.

[17] Moon S I, Lee C W, Miyamoto M. Melt polycondensation of l-lactic acid with Sn (II) catalysts activated by various proton acids: A direct manufacturing route to high molecular weight poly (l-Lactic acid)[J]. Journal of Polymer Science Part A: Polymer Chemistry, 2000, 38: 1673 – 1679.

[18] Kricheldorf H R, Duns H R. Polylactones: Mechanism of the cationic polymerization of L, L-dilactide[J]. Angewandte Makromolekulare Chemie, 1986, 187: 1611 – 1625.

[19] Huang M H, Li S, Vert M. Synthesis and degradation of PLA-PCL-PLA triblock copolymer prepared by successive polymerization of 3-caprolactone and DL-lactide[J]. Polymer, 2004, 45: 8675 – 8681.

[20] Huang L, Hu J, Lang L, et al. Synthesis and characterization of electroactive and biodegradable ABA block copolymer of polylactide and aniline pentamer [J]. Biomaterials, 2007, 28: 1741 – 1751.

[21] Gandini A. Polymers from Renewable Resources: A challenge for the future of macromolecular materials[J]. Macromolecules, 2008, 41: 9491 – 9504.

[22] Robert T M. How well can renewable resources mimic commodity monomers and polymers[J]? Journal of Polymer Science Part A: Polymer Chemistry, 2012, 50: 1 – 15.

[23] Tschan M J, Brulé E, Thomas C M, et al. Synthesis of biodegradable polymers from renewable resources[J]. Polymer Chemistry, 2012, 3: 836 – 851.

[24] Nikolau B J, Perera M A D N, Shanks B, et al. Platform biochemicals for a biorenewable chemical industry[J]. The Plant Journal, 2008, 54: 536 – 545.

[25] Werpy T, Petersen G, et al. eds. Top value added chemicals from biomass volume I – Results of screening for potential candidates from sugars and synthesis gas[D]. U. S. Department of Energy, 2004.

[26] Rosatella A A, Simeonov S P, Afonso C A M, et al. 5-Hydroxymethylfurfural (HMF) as a building block platform: Biological properties, synthesis and synthetic applications [J]. Green Chemistry, 2011, 13: 754 – 793.

[27] Gandini A. Furans as offspring of sugars and polysaccharides and progenitors of a family

of remarkable polymers: a review of recent progress[J]. Polymer Chemistry, 2010, 1: 245 - 251.

[28] Cukalovic A, Stevens C V. Production of biobased HMF derivatives by reductive amination[J]. Green Chemistry, 2010, 12: 1201 - 1206.

[29] Kuster B F M. 5-Hydroxymethylfurfural (HMF). A review focussing on its manufacture[J]. Starch-Stärke, 1990, Vol. 42: 314 - 321.

[30] Thananatthanachon T, Rauchfuss T B. Efficient route to hydroxymethylfurans from sugars via transfer hydrogenation[J]. ChemInform, 2010, 3: 1139 - 1141.

[31] Thananatthanachon T, Rauchfuss T B. Efficient production of the liquid fuel 2, 5-dimethylfuran from fructose using formic acid as a reagent[J]. Angewandte Chemie International Edition, 2010, 49: 6616 - 6618.

[32] Balakrishnan M, Sacia E R, Bell A T. Etherification and reductive etherification of 5-(hydroxymethyl)furfural: 5-(alkoxymethyl)furfurals and 2,5-bis(alkoxymethyl)furans as potential bio-diesel candidates[J]. Green Chemistry, 2012, 14: 1626 - 1634.

[33] Jiang M, Liu Q, Zhou G Y J, et al. A series of furan-aromatic polyesters synthesized via direct esterification method based on renewable resources[J]. Journal of Polymer Science Part A: Polymer Chemistry, 2012, 50: 1026 - 1036.

[34] Wu L B, Mincheva R, Dubois P. High molecular weight poly(butylene succinate-co-butylene furandicarboxylate) copolyesters: From catalyzed polycondensation reaction to thermomechanical properties[J]. Biomacromolecules, 2012, 13: 2973 - 2981.

[35] Ma J P, Pang Y, Nie X J, et al. Novel liquid precursor-based facile synthesis of large-area continuous, single, and few-layer graphene films[J]. Chemistry of Materials, 2012, 22: 3457 - 3461.

[36] Gandni A, Silvestre A J D, Neto C P, et al. The furan counterpart of poly(ethylene terephthalate): An alternative material based on renewable resources[J]. Journal of Polymer Science Part A: Polymer Chemistry, 2009, 47: 295 - 298.

[37] Gomes M, Gandini A, Silvestre A J D, et al. Synthesis and characterization of poly(2, 5-furan dicarboxylate)s based on a variety of diols[J]. Journal of Polymer Science Part A: Polymer Chemistry, 2011, 49, 3759 - 3768.

[38] Jiang M, Liu Q, Zhou G Y, et al. A series of furan-aromatic polyesters synthesized via direct esterification method based on renewable resources[J]. Journal of Polymer Science Part A: Polymer Chemistry, 2012, 50: 1026 - 1036.

[39] Chen X G, Dam M A, Wudl F, et al. A thermally re-mendable cross-linked polymeric material[J]. Science, 2002, 295: 1698 - 1702.

[40] Yoshie N, Watanabe M, Ishida K, et al. Thermo-responsive mending of polymers

crosslinked by thermally reversible covalent bond: Polymers from bisfuranic terminated poly(ethylene adipate) and tris-maleimide[J]. Polymer Degradation and Stability, 2010, 95: 826 - 829.

[41] Inoue K, Yamashiro M, Iji M. Recyclable shape-memory polymer: Poly (lactic acid) crosslinked by a thermoreversible diels-alder reaction[J]. Journal of Applied Polymer Science, 2009, 112: 876 - 885.

[42] Colquhoun H M. Materials that heal themselves[J]. Nature Chemistry, 2012, 4: 435 - 436.

[43] Murphy E B, Wudl F. The world of smart healable materials[J]. Progress in Polymer Science, 2010, 35: 223 - 251.

[44] Bergman S D, Wudl F. Mendable polymers[J]. Journal of Materials Chemistry, 2008, 18: 41 - 62.

[45] Chung C M, Roh Y S, Kim J G, et al. Crack healing in polymeric materials via photochemical [2+2] cycloaddition[J]. Chemistry of Materials, 2004, 16: 3982 - 3984.

[46] Cordier P, Tournilhac F, Leibler L. Selfhealing and thermoreversible rubber from supramolecular assembly[J]. Nature, 2008, 451: 977 - 980.

[47] Burattini S, Colquhoun H M, Rowan S J, et al. A self-repairing, supramolecular polymer system: healability as a consequence of donor-acceptor π-π stacking interactions [J]. Chemical Communications, 2009, 44: 6717 - 6719.

[48] Imato K, Nishihara M, Otsuka H, et al. Self-healing of chemical gels cross-linked by diarylbibenzofuranone-based trigger-free dynamic covalent bonds at room temperature [J]. Angewandte Chemie International Edition, 2012, 51: 1138 - 1142.

[49] Chen Y, Kushner A M, Guan Z B, et al. Multiphase design of autonomic self-healing thermoplastic elastomers[J]. Nature Chemistry, 2012, 4: 467 - 472.

[50] Wang Q, Mynar J L, Aida T, et al. High-water-content mouldable hydrogels by mixing clay and a dendritic molecular binder[J]. Nature, 2010, 463: 339 - 343.

[51] Harada A, Kobayashi R, Yamaguchi H, et al. Macroscopic self-assembly through molecular recognition[J]. Nature Chemistry, 2011, 3: 34 - 37.

[52] Capelot M, Montarnal D, Leibler L, et al. Metal-catalyzed transesterification for healing and assembling of thermosets[J]. Journal of the American Chemical Society, 2012, 134: 7664 - 7667.

[53] White S R, Sottos N R, Viswanathan S, et al. Autonomic healing of polymer composites[J]. Nature, 2001, 409: 794 - 797.

[54] Dry C. The study of self-healing ability for glass micro-beadfilling Epoxy resin composites[J]. Computer Structure,1996, 35: 263 - 269.

[55] Chen X，Wudl F，Nutt S R，et al. New thermally re-mendable highly cross-linked polymeric materials[J]. Macromolecules，2003，36：1802 - 1807.

[56] Liu Y L，Hsieh C Y. Crosslinked epoxy materials exhibiting thermal remendablility and removability from multifunctional maleimide and furan compounds [J]. Journal of Polymer Science Part A：Polymer Chemistry，2006，44：905 - 913.

[57] Liu Y L，Chen Y W. Thermally reversible cross-linked polyamides with high toughness and self-repairing ability from maleimide- and furan-functionalized aromatic polyamides [J]. Macromolecular Chemistry and Physics，2007，208：224 - 232.

[58] Kavitha A A，Singha N K. "Click Chemistry" in tailor-made polymethacrylates bearing reactive furfuryl functionality：A new class of self-healing polymeric material[J]. ACS Applied Materials & Interfaces，2009，1：1427 - 1436.

[59] Zhang Y C，Broekhuis A A，Picchioni F，et al. Thermally self-healing polymeric materials：The next step to recycling thermoset polymers[J]. Macromolecules，2009，42：1906 - 1912.

[60] Zhang J J，Niu Y，Wang Y Z，et al. Self-healable and recyclable triple-shape PPDO-PTMEG co-network constructed through thermoreversible Diels-Alder reaction[J]. Polymer Chemistry，2012，3：1390 - 1393.

[61] Plaisted T A，Nemat-Nasser S. Quantitative evaluation of fracture，healing and re-healing of a reversibly cross-linked polymer[J]. Acta Materialia，2007，55：5684 - 5696.

[62] Peterson A M，Jensen R E，Palmese G R. Room-temperature healing of a thermosetting polymer using the diels-alder reaction[J]. ACS Applied Materials & Interfaces，2010，2：1141 - 1149.

[63] Reutenauer P，Buhler E，Lehn J M，et al. Room temperature dynamic polymers based on diels-alder chemistry[J]. Chemistry - A European Journal，2009，15：1893 - 1900.

[64] Yoshie N，Saito S，Oya N. A thermally-stable self-mending polymer networked by Diels-Alder cycloaddition[J]. Polymer，2011，52：6074 - 6079.

[65] Tian Q，Yuan Y C，Zhang M Q，et al. A thermally remendable epoxy resin[J]. Journal of Materials Chemistry，2009，19：1289 - 1296.

[66] Ebara M，Uto K，Aoyagi T，et al. Shape-memory surface with dynamically tunable nanogeometry activated by body heat[J]. Advanced Materials，2012，24：273 - 278.

[67] Lendlein A，Langer R. Biodegradable，elastic shape-memory polymers for potential biomedical applications[J]. Science，2002，296：1673 - 1676.

[68] Alteheld A，Feng Y，Lendlein A，et al. Biodegradable，amorphous copolyester-urethane networks having shape-memory properties [J]. Angewandte Chemie International Edition，2005，44：1188 - 1192.

[69] Xie T. Tunable polymer multi-shape memory effect[J]. Nature, 2010, 464: 267 - 270.

[70] Lendlein A, Zotzmann J, Kelch S, et al. Controlling the switching temperature of biodegradable, amorphous, shape-memory poly(rac -lactide)urethane networks by incorporation of different comonomers[J]. Biomacromolecules, 2009, 10: 975 - 982.

[71] Koerner H, Price G, Vaia R A, et al. Remotely actuated polymer nanocomposites-stress-recovery of carbon-nanotube-filled thermoplastic elastomers[J]. Nature Mater, 2004, 3: 115 - 120.

[72] Lendlein A, Jiang H, Langer R, et al. Light-induced shape-memory polymers[J]. Nature, 2005, 434: 879 - 882.

[73] Jiang H, Kelch S, Lendlein A. Polymers move in response to light[J]. Advanced Materials, 2006, 18: 1471 - 1475.

[74] Liu Y, Boyles J K, Dickey M D, et al. Self-folding of polymer sheets using local light absorption[J]. Soft Matter, 2012, 8: 1764 - 1769.

[75] Yamada M, Kondo M, Ikeda T, et al. Photomobile polymer materials-various three-dimensional movements[J]. Journal of Materials Chemistry, 2009, 19: 60 - 62.

[76] Huang W M, Yang B, Chan Y S, et al. Water-driven programmable polyurethane shape memory polymer: demonstration and mechanism[J]. Applied Physics Letters, 2005, 86: 114105.

[77] Mohr R, Kratz K, Lendlein A, et al. Initiation of shape-memory effect by inductive heating of magnetic nanoparticles in thermoplastic polymers[J]. Proceedings of the National Academy of Sciences, 2006, 103: 3540 - 3545.

[78] Kumar U N, Kratz K, Lendlein A, et al. Shape-memory nanocomposites with magnetically adjustable apparent switching temperatures[J]. Advanced Materials, 2011, 23: 4157 - 4162.

[79] Behl M, Lendlein A. Triple-shape polymers[J]. Journal of Materials Chemistry, 2010, 20: 3335 - 3345.

[80] Zotzmann J, Behl M, Lendlein A, et al. Reversible triple-shape effect of polymer networks containing polypentadecalactone- and poly(ε-caprolactone)-segments[J]. Advanced Materials, 2010, 22: 3424 - 3429.

[81] Kohlmeyer R R, Lor M, Chen J. Remote, local, and chemical programming of healable multishape memory polymer nanocomposites[J]. NanoLetter, 2012, 12: 2757 - 2762.

[82] He Z, Satarkar N, Zach H J, et al. Remote controlled multishape polymer nanocomposites with selective radiofrequency actuations[J]. Advanced Materials, 2011, 23: 3192 - 3196.

[83] Kumpfer J R, Rowan S J. Thermo-, photo-, and chemo-responsive shape-memory

properties from photo-cross-linked metallo-supramolecular ploymer[J]. Journal of the American Chemical Society, 2011, 133(32): 12866 – 12874.

[84] Zhang W, Chen L, Zhang Y. Surprising shape-memory effect of polylactide resulted from toughening by polyamide elastomer[J]. Polymer, 2009, 50: 1311 – 1315.

[85] Wang L S, Chen H C, Xiong C D, et al. Novel degradable compound shape-memory-polymer blend: Mechanical and shape-memory properties[J]. Materials Letters, 2010, 64: 284 – 286.

[86] Wang W S, Ping P, Jing X B. Polylactide-based polyurethane and its shape-memory behavior[J]. European Polymer Journal, 2006, 42: 1240 – 1249.

[87] Wang W S, Ping P, Jing X B. Shape memory effect of poly(L-lactide) based polyurethanes with different hard segments[J]. Polymer International, 2007, 56: 840 – 846.

[88] Gupta A P, Kumar V. New emerging trends in synthetic biodegradable polymers polylactide: A critique, european polymer journal[J]. 2007, 43: 4053 – 4074.

[89] Wu J, Pan X, Tang N, et al. Synthesis, characterization of aluminum complexes and the application in ring-opening polymerization of l-lactide [J]. European Polymer Journal, 2007, 43: 5040 – 5046.

[90] Chamberlain B M, Sun Y, Tolman W B, et al. Discrete yttrium (III) complexes as lactide polymerization catalysts[J]. Macromolecules, 1999, 32: 2400 – 2402.

[91] Wu J C, Huang B H, Lin C C, et al. Ring-opening polymerization of lactide initiated by magnesium and zinc alkoxides[J]. Polymer, 2005, 46: 9784 – 9792.

[92] Amgoune A, Thomas C M, Carpentier J F, et al. Ring-opening polymerization of lactide with group 3 metal complexes supported by dianionic alkoxy-amino-bisphenolate ligands: Combining high activity, productivity, and selectivity [J]. Chemistry-A European Journal, 2006, 12: 169 – 179.

[93] Jeong J H, An Y H, Kang Y K, et al. Synthesis of polylactide using a zinc complex containing (S)-N-ethyl-N-phenyl-2-pyrrolidinemethanamine[J]. Polyhydron, 2008, 27: 319 – 324.

[94] Söldergård A, Nälsman J H. Melt stability study of various types of poly(L-lactide) [J]. Industrial & Engineering Chemistry Research, 1996, 35: 732 – 735.

[95] Lberg S M, Basalp D, Finne-wistrand A, et al. Bio-safe synthesis of linear and branched PLLA[J]. Journal of Polymer Science Part A: Polymer Chemistry, 2010, 48: 1214 – 1219.

[96] Kricheldorf H R, Rost S. A-B-A-triblock and multiblock copolyesters prepared from 3-caprolactone, glycolide and L-lactide by means of bismuth subsalicylate[J]. Polymer, 2005, 46: 3248 – 3256.

［97］ Kricheldorf H R，Behnken G，SchTwarz G. Telechelic polyesters of ethane diol and adipic or sebacic acid by means of bismuth carboxylates as non-toxic catalysts［J］. Polymer，2005，46：11219 - 11224.

［98］ Chen G X，Kim H S，Kim E S. Synthesis of high-molecular-weight poly(L-lactic acid) through the direct condensation polymerization of L-lactic acid in bulk state［J］. European Polymer Journal，2006，42：468 - 472.

［99］ Kricheldorf H R，Kreiser-Saunders I，Boettcher C. Polylactones：31. Sn(Ⅱ)octoate initiated polymerization of L-lactide：A mechanistic study［J］. Polymer，1995，36：1253 - 1259.

［100］ Yu T，Ren J，Yang M，et al. Synthesis and characterization of poly(lactic acid) and aliphatic polycarbonate copolymers［J］. Polymer International，2009，58：1058 - 1064.

［101］ Gu S Y，Yang M，Ren J，et al. Synthesis and characterization of biodegradable lactic acid-based polymers by chain extension［J］. Polymer International，2008，57：982 - 986.

［102］ Zhang J H，Xu J，Li J F. Synthesis of multiblock thermoplastic elastomers based on biodegradable poly（lactic acid）and polycaprolactone［J］. Materials Science and Engineering：C，2009，29：889 - 893.

［103］ Ajioka M，Enomoto K，Suziki K，et al. The basic properties of poly（lactic acid）produced by the direct condensation polymerization of lactic acid［J］. Journal of Polymers and the Environment，1995，3：225 - 234.

［104］ Fukushima K，Kimura Y. An efficient solid-state polycondensation method for synthesizing stereocomplexed poly(lactic acid)s with high molecular weight［J］. Journal of Polymer Science Part A：Polymer Chemistry，2008，46：3714 - 3722.

［105］ Kricheldorf H R. Synthesis and application of polylactides［J］. Chemosphere，2001，43：49 - 54.

［106］ Hormnium P，Marshall E L，Gibson V C，et al. Remarkable stereocontrol in the polymerization of racemic lactide using aluminum initiators supported by tetradentate aminophenoxide ligands［J］. Journal of the American Chemical Society，2004，126：2688 - 2689.

［107］ Ovitt T M，Coates G W. Stereochemistry of lactide polymerization with chiral catalysts：New opportunities for stereocontrol using polymer exchange mechanisms［J］. Journal of the American Chemical Society，2002，124：1316 - 1326.

［108］ Moon S I，Lee C W & Miyamoto M，et al. Melt polycondensation of L-Lactic acid with Sn(Ⅱ) catalysts acticated by various proton acids：a direct manufacturing route to high molecular weight poly（L-Lactic acid）［J］. Journal of Polymer Science Part A：

Polymer Chemistry，2000，38：1673 – 1679.

[109] Achmad F，Yamane K，Quan S T，et al. Synthesis of polylactic acid by direct polycondensation under vacuum without catalysts，solvents and initiators[J]. Chemical Engineering Journal，2009，151：342 – 350.

[110] Shu J，Wang P，Zheng T，et al. Direct synthesis of biodegradable ploy L-lactic acid by melt polycondensation [J]. Journal of Clinical Rehabilitative Tissue Engineering Research，2008，12：1165 – 1169.

[111] Chatti S，Bortolussi M，Bogdal D，et al. Synthesis and properties of new poly(ether-ester)s containing aliphatic diol based on isosorbide. Effects of the microwave-assisted polycondensation[J]. European Polymer Journal，2006，42：410 – 424.

[112] Södergård A，Stolt M. Properties of lactic acid based polymers and their correlation with composition[J]. Progress in Polymer Science，2002，27：1123 – 1163.

[113] Moon S-I，Lee C-W，Taniguchi I，et al. Melt/solid polycondensation of l-lactic acid：an alternative route to poly(l-lactic acid) with high molecular weight[J]. Polymer，2001，42：5059 – 5062.

[114] Maharana T，Mohanty B，Negi Y S. Melt-solid polycondensation of lactic acid and its biodegradability[J]. Progress in Polymer Science，2009，34：99 – 112.

[115] Yokozawa T，Yokoyama A. Chain-growth polycondensation：The living polymerization process in polycondensation[J]. Progress in Polymer Science，2007，32：147 – 172.

[116] Yokozawa T，Yokoyama A. Chain-growth polycondensation for well-defined condensation polymers and polymer architecture[J]. The Chemical Record，2005，5：47 – 57.

[117] John B，Furukawa M. Enhanced mechanical properties of polyamide 6 fibers coated with a polyurethane thin film[J]. Polymer Engineering & Science，2009，49：1970 – 1978.

[118] Kylmä J，Härkönen M，Seppälä J V. The modification of lactic acid based poly(ester-urethane) by copolymerization[J]. Journal of Applied Polymer Science，1997，63：1865 – 1872.

[119] Lendlein A，Kelch S. Shape-memory polymers[J]. Angewandte Chemie International Edition，2002，41：2034 – 2057.

[120] Yeganeha H，Ghaffari M，Jangi A. Diaminobisbenzothiazole chain extended polyurethanes as a novel class of thermoplastic polyurethane elastomers with improved thermal stability and electrical insulation properties [J]. Polymers for Advanced Technologies，2009，20：466 – 472.

[121] Cohn D，Hotovely-Salomon A． Designing biodegradable multiblock PCL/PLA thermoplastic elastomers[J]． Biomaterials，2005，26：2297 – 2305.

[122] Nagatani A，Endo T，Furukawa M． Preparation and properties of cellulose-olefinic thermoplastic elastomer composites[J]． Journal of Applied Polymer Science，2005，95：144 – 148.

[123] Hiltunen K，Harkonen M，Seppala J V，et al． Synthesis and characterization of lactic acid based telechelic prepolymers[J]． Macromolecules，1996，29：8677 – 8682.

[124] Hiltunen K，Seppala J V，Harkonen M． Latic acid based poly(ester-urethanes)：The effect of different polymerization condition on the polymer structure and properties[J]． Journal of Applied Polymer Science，1997，64：865 – 873.

[125] Hiltunen K，Seppala J V． Lactic acid based poly (ester-urethanes)：Use of hydroxyl terminated prepolymers in urethan synthesis[J]． Journal of Applied Polymer Science，1997，63：1091 – 1100.

[126] Zeng J B，Li Y D，Wang Y Z． A novel biodegradable multiblock poly(ester urethane) containing poly(l-lactic acid) and poly(butylene succinate) blocks[J]． Polymer，2009，50：1178 – 1186.

[127] Kojio K，Fukumaru T，Furukawa M． Highly softened polyurethane elastomer synthesized with novel 1,2-bis(isocyanate)ethoxyethane[J]． Macromolecules，2004，37：3287 – 3291.

[128] Ozawa T． A new method of analyzing thermogravimetric data[J]． Bulletin of the Chemical Society of Japan，1965，38：1881 – 1886.

[129] Flynn J H，Wall L A． A quick，direct method for the determination of activation energy from thermogravimetric data[J]． Journal of Polymer Science Part B：Polymer Physics，1966，4：323 – 328.

[130] Drumond W S，Mothé C G，Wang S H． Quantitative analysis of biodegradable amphiphilic poly(L-lactied)-block-poly(ethyleneglycol)-blockpoly(L-lactide) by using TG，FTIR and NMR[J]． Journal of Thermal Analysis and Calorimetry，2006，85：173 – 177.

[131] Nishida H，Mori T，Endo T，et al． Effect of tin on poly(L-lactic acid) pyrolysis[J]． Polymer Degradation and Stability，2003，81：515 – 523.

[132] Han J J，Huang H X． Preparation and characterization of biodegradable polylactide/thermoplastic polyurethane elastomer blends[J]． Journal of Applied Polymer Science，2011，120：3217 – 3223.

[133] Hasan E A，Cosgrove T，Round A N． Nanoscale thin film ordering produced by channel formation in the inclusion complex of R-cyclodextrin with a polyurethane

composed of polyethylene oxide and hexamethylene[J]. Macromolecules, 2008, 41: 1393 – 1400.

[134] Liu H, Song W, Zhang J, et al. Interaction of Microstructure and Interfacial Adhesion on Impact Performance of Polylactide (PLA) Ternary Blends[J]. Macromolecules, 2011, 44: 1513 – 1522.

[135] Rueda-Larraz L, Fernandez d'Arlas B, Eceiza A, et al. Synthesis and microstructure-mechanical property relationships of segmented polyurethanes based on a PCL-PTHF-PCL block copolymer as soft segment [J]. European Polymer Journal, 2009, 45: 2096 – 2109.

[136] Król P. Synthesis methods, chemical structures and phase structures of linear polyurethanes. Properties and applications of linear polyurethanes in polyurethane elastomers, copolymers and ionomers[J]. Progress in Materials Science, 2007, 52: 915 – 105.

[137] Chen C P, Dai S A, Jeng R J, et al. Polyurethane elastomers through multi-hydrogen-bonded association of dendritic structures[J]. Polymer, 2005, 46: 11849 – 11857.

[138] Liu J, Ma D, Li Z. FTIR studies on the compatibility of hard-soft segments for polyurethane-imide copolymers with different soft segments[J]. European Polymer Journal, 2002, 38: 661 – 665.

[139] Pongkitwitoon S, Hernández R, Runt J. Temperature dependent microphase mixing of model polyurethanes with different intersegment compatibilities[J]. Polymer, 2009, 50: 6305 – 6311.

[140] Liow S S, Lipik V T, Abadie M J M, et al. Enhancing mechanical properties of thermoplastic polyurethane elastomers with 1, 3-trimethylene carbonate, epsilon-caprolactone and L-lactide copolymers via soft segment crystallization[J]. eXPRESS Polymer Letters, 2011, 5: 897 – 910.

[141] Na Y H, Arai Y, Inoue Y, et al. Phase behavior and thermal properties for binary blends of compositionally fractionated poly(3-hydroxybutyrate-co-3-hydroxypropionate)s with different comonomer composition[J]. Macromolecules, 2001, 34: 4834 – 4841.

[142] Yoshie N, Asaka A, Inoue Y. Cocrystallization and Phase Segregation in Crystalline/Crystalline Polymer Blends of Bacterial Copolyesters[J]. Macromolecules, 2004, 37: 3770 – 3779.

[143] Na Y H, He Y, Inoue Y, et al. Miscibility and phase structure of blends of poly (ethylene oxide) with poly(3-hydroxybutyrate), poly(3-hydroxypropionate), and their copolymers[J]. Macromolecules, 2002, 35: 727 – 735.

[144] Nijenhuis A J, Colstee E, Pennings A J, et al. High molecular weight poly(l-lactide)

and poly(ethylene oxide) blends: thermal characterization and physical properties[J]. Polymer, 1996, 37: 5849 - 5857.

[145] Ljungberg N, Wesslen B. Preparation and properties of plasticized poly(lactic acid) films[J]. Biomacromolecules, 2005, 6(3): 1789 - 1796.

[146] 吴培熙,张留城. 聚合物共混改性[M].北京:中国轻工业出版社,1996.

[147] Paul D R. 聚合物共混物:组成与性能[M].殷敬华,译.北京:科学出版社,2004.

[148] Bechthold I, Bretz K, Springer A, et al. Succinic acid: A new platform chemical for biobased polymers from renewable resources[J]. Chemical Engineering & Technology, 2008, 31: 647 - 654.

[149] Okino S, Noburyu R, Yukawa H, et al. An efficient succinic acid production process in a metabolically engineered Corynebacterium glutamicum strain[J]. Applied Microbiology and Biotechnology, 2008, 81: 459 - 464.

[150] Greener J, Abbasi B, Kumacheva E, et al. Attenuated total reflection Fourier transform infrared spectroscopy for on-chip monitoring of solute concentrations[J]. Lab on a Chip, 2010, 10: 1561 - 1566.

[151] Chujo Y, Sada K, Saegusa T, et al. Reversible gelation of polyoxazoline by means of Diels-Alder reaction[J]. Macromolecules, 1990, 23: 2636 - 2641.

[152] Goussé C, Gandini A, Hodge P, et al. Application of the Diels-Alder reaction to polymers bearing furan moieties 2. Diels-alder and retro-diels-alder reactions involving furan rings in some styrene copolymers[J]. Macromolecules, 1998, 31: 314 - 321.

[153] Watanabe M, Yoshie N. Synthesis and properties of readily recyclable polymers from bisfuranic terminated poly(ethylene adipate) and multi-maleimide linkers[J]. Polymer, 2006, 47: 4946 - 4952.

[154] Ishida K, Yoshie N. Synthesis of readily recyclable biobased plastics by Diels-Alder reaction[J]. Macromolecular Bioscience, 2008, 8: 916 - 922.

[155] Gandini A, Silvestre A, Coelho D. Reversible click chemistry at the service of macromolecular materials. Part 4: Diels-Alder non-linear polycondensations involving polyfunctional furan and maleimide monomers[J]. Polymer Chemistry, 2013, 4: 1364 - 1371.

[156] Inoue K, Yamashiro M, Iji M. Recyclable shape-memory polymer: Poly(lactic acid) crosslinked by a thermoreversible Diels-Alder reaction[J]. Journal of Applied Polymer Science, 2009, 112: 876 - 885.

[157] Defize T, Riva R, Alexandre M, et al. Thermoreversibly crosslinked poly (e-caprolactone) as recyclable shape-memory polymer network[J]. Macromolecular Rapid Communications, 2011, 32: 1264 - 1269.

[158] Ishida K，Yoshie N. Two-Way Conversion between Hard and Soft Properties of Semicrystalline Cross-Linked Polymer[J]. Macromolecules，2008，41：4753 – 4757.

[159] Ishida K，Nishiyama Y，Yoshie N，et al. Hard-soft conversion in network polymers：Effect of molecular weight of crystallizable prepolymer[J]. Macromolecules，2010，43：1011 – 1015.

[160] Ishida K，Weibel V，Yoshie N. Substituent effect on structure and physical properties of semicrystalline Diels-Alder network polymers[J]. Polymer，2011，52：2877 – 2882.

[161] Gandini A. The furan/maleimide Diels-Alder reaction：A versatile click-unclick tool in macromolecular synthesis[J]. Progress in Polymer Science，2013，38：1 – 29.

[162] Canadell J，Fischer H，van Benthem R，et al. Stereoisomeric effects in thermo-remendable polymer networks based on Diels-Alder crosslink reactions[J]. Journal of Polymer Science Part A：Polymer Chemistry，2010，48：3456 – 3467.

[163] Gaina C，Ursache O，Ionita D，et al. In vestigation on the thermal properties of new thermo-reversible netuorks based on poly（vinyl furfural）and multifunetional maleimide compounds[J]. eXPRESS Polymer Letter，2012，6：129 – 141.

[164] Zeng C，Ren J，Yoshie N，et al. Bio-based furan polymers with self-healing ability[J]. Macromolecules，2013，46：1794 – 1802.

[165] Zeng C，Ren J，Yoshie N，et al. Self-healing bio-based furan polymers cross-linked with various bis-maleimides[J]. Polymer，2013，54：5351 – 5357.

[166] Wojtecki R J，Meador M A，Rowan S J，et al. Using the dynamic bond to access macroscopically responsive structurally dynamic polymers[J]. Nature Materials，2011，10：14 – 27.

[167] Maeda T，Otsuka H，Takahara A. Dynamic covalent polymers：Reorganizable polymers with dynamic covalent bonds[J]. Progress in Polymer Science，2009，34：581 – 604.

[168] Wu D Y，Meure S，Solomon D. Self-healing polymeric materials：A review of recent developments[J]. Progress in Polymer Science，2008，33：479 – 522.

[169] Gandini A，Coelho D，Silvestre A J D. Reversible click chemistry at the service of macromolecular materials. Part 1：Kinetics of the Diels-Alder reaction applied to furan-maleimide model compounds and linear polymerizations［J］. European Polymer Journal，2008，44：4029 – 4036.

[170] Urban M W. Stratification，stimuli-responsiveness，self-healing，and signaling in polymer networks[J]. Progress in Polymer Science，2009，34：679 – 687.

[171] Zhang Y，Broekhuis A A，Picchioni F. Thermally self-healing polymeric materials：The next step to recycling thermoset polymers[J]. Macromolecules，2009，42：1906 – 1912.

后 记

本书根据笔者的博士论文撰写而成。

四年半的博士生生活一晃而过,当初进入同济大学纳米与生物高分子材料研究所的一幕幕仍然清晰地在脑海中,即将完成之日,感慨良多。

回首这些年的博士研究生活,首先诚挚地感谢我的导师——任杰教授,从论文的开题,实验的进行及论文的定稿过程中,自始至终都倾注着任老师的心血。任老师国际化的视野、对学术前沿动态和产业发展的深刻洞察、严谨的学术态度、宽厚仁慈的胸怀、积极乐观的生活态度以身立行的做人风格不仅使我明白了如何看待事物,懂得了如何规划自己的人生,而且还明白了许多待人接物与为人处世的道理,深刻影响着我今后的工作和生活。他的教诲将激励我在今后科学的道路上励精图治,开拓创新。

从大四的毕业设计开始,我开始了聚乳酸方面的学术研究,并且是以市场为导向的工业化生产研究,这也正是激励我钻研高分子科学的主要动力,能把学到的知识运用到实际生活中。这里也要感谢上海同杰良生物材料有限公司的领导和同事们,和你们一起工作的日子使我对知识转化为生产力、生产实际相结合思想有了更深入的理解,也培养了我将科研成果向产品转化的技能。有幸在攻读博士期间,得到宝贵的出国留学机会,到海外学习先进高分子材料知识。国家公派博士研究生的学习对我来说是一笔人生宝贵的经验与财富,这离不开任老师的信任和支持,即使远隔千里仍然通过邮件和电话与我进行实验进展的交流和指导,这里要再次对任老师表达我由衷的感谢之情。

在日本东京大学进行博士联合培养的近 2 年时间里,在东京大学的吉江尚子教授的帮助和指导下,我开始了自修复高分子材料与聚乳酸相结合的研究。吉江老师一丝不苟、注重细节的学术态度深深感染了我,并且给予我多次学术会议发表和锻炼自己的机会,接触到世界前沿高分子科学。这里也要感谢吉江研究室的助教清野秀岳老师和一起度过许多快乐时光的同学们,他们是张鑫、朴俊秀、上田直寬、池崎旅人、荻田和宽、篠原さつき,怀念一起实验和出游的时光,是你们让我的留学生活丰富多彩。这里要对吉江老师再次表示深深的感谢。

感谢纳米与生物高分子材料研究所的顾书英老师、任天斌老师、袁华老师、谭庆刚老师和袁伟忠老师,能顺利完成博士论文的工作离不开你们的关心和帮助,在此表示由衷地感谢,谢谢你们!感谢实验室的顾乐民、王志梅老师!还要感谢材料测试中心的张震雷老师、谢庆红老师!

另外,在攻博期间一起度过许多难忘时光的同门好友、师兄师姐也同样是我这几年收获的宝贵财富。他们是张乃文、屈阳、陈大凯、李建波、曹阳、张忠海、周凯、冯舒勤、常少坤、李菁、冯玥、李兰、张锦春、魏静仁、黄超、钟震。在那些高兴的、难过的日子里的点点滴滴,不论是做到深夜的实验,还是一起开心的出游都构成了我博士生涯中不可或缺、一生难忘的回忆。他们的鼓励与支持为我学习生活增添了许多快乐,也为我顺利完成博士学位提供了不可缺少的帮助。同样要感谢研究所其他师兄师姐、师弟师妹们,祝你们在未来的学习和工作中一切顺利。

感谢同济大学,培养了我近十年的母校;感谢陪伴我走过这十年的朋友们;感谢一直以来支持我的父母;感谢所有给予我帮助的人。我将带着这满满的收获投入新的工作和生活中。

曾　超